"创新设计思维"
数字媒体与艺术设计类新形态丛书

案例学 AIGC+

Illustrator

图形创意设计

微|课|版

陈世红 袁廷婷◎主编

刘钊 袁娜◎副主编

人民邮电出版社

北 京

图书在版编目（CIP）数据

案例学 AIGC+Illustrator 图形创意设计：微课版 /
陈世红，袁廷婷主编. -- 北京：人民邮电出版社，
2025. --（"创新设计思维"数字媒体与艺术设计类新形
态丛书）. -- ISBN 978-7-115-66611-6

Ⅰ. TP391.412

中国国家版本馆 CIP 数据核字第 2025JQ6875 号

内 容 提 要

本书通过案例系统地讲解图形创意设计，精心设计"本章导读→学习目标→学习引导→行业知识→
实战案例→拓展训练→AI 辅助设计→课后练习"的新颖结构，以 Illustrator 为核心工具，巧妙结合 AI
进行辅助设计，涵盖七大主流设计行业，旨在培养读者的图形创意设计思维，强化读者的综合设计能力。

本书共 10 章。第 1 章讲解图形创意设计基础；第 2 章讲解 Illustrator 基础知识；第 3～9 章分别讲
解图标设计、插画设计、VI 设计、海报设计、图书封面设计、包装设计、商业广告设计的行业知识和
实战案例；第 10 章为综合案例，帮助读者深入理解图形创意在不同行业中的设计需求和应用场景，提
升读者的设计水平和实际应用能力。

本书内容由浅入深、直观易懂、理论与实际相结合，可作为本科院校、职业院校设计类课程的教材，
也可作为设计初学者、爱好者、相关从业人员的参考书。

◆ 主　编　陈世红　袁廷婷
　　副主编　刘　钊　袁　娜
　　责任编辑　张　蒙
　　责任印制　胡　南

◆ 人民邮电出版社出版发行　　北京市丰台区成寿寺路 11 号
　　邮编　100164　　电子邮件　315@ptpress.com.cn
　　网址　https://www.ptpress.com.cn
　　雅迪云印（天津）科技有限公司印刷

◆ 开本：787×1092　1/16
　　印张：13.75　　　　　　　　2025 年 6 月第 1 版
　　字数：325 千字　　　　　　2025 年 11 月天津第 2 次印刷

定价：79.80 元

读者服务热线：**(010)81055256**　印装质量热线：**(010)81055316**
反盗版热线：**(010)81055315**

PREFACE 前言

　　图形是视觉传播的基本表现形式之一，在各类设计作品中发挥着重要作用；创意则是图形设计的灵魂。图形创意不仅能够吸引人们的注意力，激发情感共鸣，还能在潜移默化中传递信息、塑造品牌形象、引导社会风尚。随着科技发展，图形创意手段不断推陈出新，特别是人工智能（Artificial Intelligence，AI）技术的发展为图形创意带来更多的可能性。在此背景下，设计人员唯有不断学习、实践与创新，才能突破传统的设计思维，实现科技与艺术的结合，开拓出图形创意的新境界。

　　基于此，我们编写了本书。本书以行业需求为导向，以培养德技双馨的高技能人才为目标，力求通过丰富的设计知识和设计实例，引导读者掌握前沿的设计技能，不断寻求创新与突破，更好地提升专业技能，成为创新型、技能型人才。

▌本书特色

● **学习目标+学习引导，轻松指明学习方向**。本书每章首页设有知识目标、技能目标和素养目标，帮助读者厘清学习思路。次页设置学习引导，引导读者高效预习本章内容，明确主要内容及重难点，科学提炼学习方法和技能要点，同时提供学时建议和技能提升指导，激发读者学习兴趣。

● **行业知识+实战案例，深入理解行业应用**。本书涵盖图标设计、插画设计、VI设计、海报设计、图书封面设计、包装设计、商业广告设计等七大主流设计行业，以理论知识引导读者学习，按照"案例背景→设计思路→操作要点→步骤详解"的设计流程，让读者深入体验商业案例的具体设计过程，使读者充分理解并掌握商业案例的设计与制作方法。

● **Illustrator+AI辅助设计工具，结合科技高效创新**。本书以图形创意中广泛应用的Illustrator 2024为基础，充分考虑Illustrator的功能和操作的难易程度，在案例中归纳操作要点并提供操作视频，旁附Illustrator操作教程电子书的二维码，供读者扫码自学。另外，本书紧跟行业前沿设计趋势，讲解常用AI辅助设计工具的技术原理、使用方法，并提供AI生成商业案例的演示示例，让读者能够实际体会AI技术在图形创意中的辅助应用，从而拓展读者的设计思维，提升读者的创新能力。

● **拓展训练+课后练习，提升图形创意能力**。本书第3~9章均设有拓展训练和课后练习。其中拓展训练提供完整的实训要求，并展示操作思路，让读者举一反三、同步训练；课后练习通过填空题、选择题、操作题等题型，进一步帮助读者巩固所学知识并锻炼读者独立完成图形创意设计的能力。

● **设计思维+技能提升+素养培养，培养高素质专业型人才。** 本书在正文讲解中适当融入"设计大讲堂"栏目，讲述设计规范、设计理念、设计思维、设计趋势等内容，以培养读者的设计思维，提升其专业能力；还适当融入"操作小贴士"栏目，以提升读者的软件操作水平。并且，实战案例在考虑商业性的前提下，还融入了家国情怀、工匠精神、传统文化、开拓创新等内容，旨在培养读者的文化自信，承担起传承和创新中华文化的重任。

资源支持

本书赠送丰富的配套资源和拓展资源，读者可使用手机扫描书中的二维码获取对应资源，也可登录人邮教育社区（www.ryjiaoyu.com）获取相关资源。

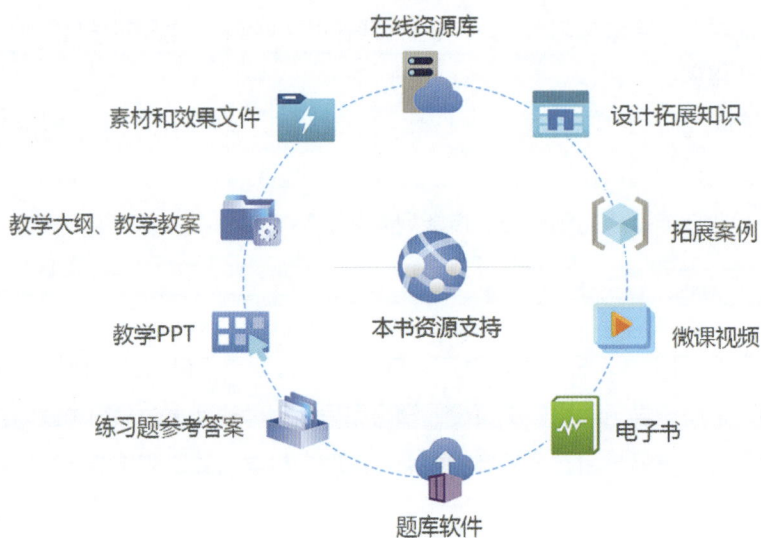

素材文件、效果文件使用说明：本书案例的素材文件和效果文件均归类至以案例名称命名的文件夹中，便于读者查找和使用。

编者

2025年5月

CONTENTS

目录

第 **4** 章

第 **5** 章

第6章

第7章

第8章

Ai

图形创意设计基础

图形是视觉传播的基本表现形式之一。在当下的互联网时代，图形创意广泛应用于电视、广告、包装等与信息传播有关的视觉形象中，并且占据了重要地位。它以强大、直接的视觉力量向人们传递观念、情感等信息，也在视觉上为人们带来美的享受。掌握图形创意设计基础知识，有助于设计人员培养创意思维，提升视觉传达与设计能力，从而在图形创意作品中更好地表达思想感情和深刻内涵。

学习目标

▶ **知识目标**

◎ 掌握图形和图形创意的基础知识。
◎ 熟悉图形创意设计的应用领域。

▶ **技能目标**

◎ 学会运用图形创意的构图要素、思维方法和设计技巧。
◎ 能够从专业的角度分析不同的图形创意作品。

▶ **素养目标**

◎ 提升对图形创意设计的兴趣和审美能力，拓宽设计视野。
◎ 发扬持续学习的良好品德，培养乐于钻研的精神。

学习引导

课前预习
1. 扫码了解图形与图像的发展历程，以及生活中图形创意的具体表现，建立对图形创意设计的基本认识。
2. 上网搜索各行业的图形创意设计作品，通过赏析这些作品，提升对图形创意的认知和审美能力。

课前预习

电子书

课堂讲解
1. 图形和图形创意基础知识。
2. 图形创意设计的应用领域。

重点难点
1. 学习重点：图形与图像的含义、像素与分辨率、颜色模式、图形与图像文件格式、图形创意设计的应用领域。
2. 学习难点：图形创意的构图要素、形式美法则、思维方法与设计技巧。

课后练习
通过填空题、选择题巩固图形创意设计基础知识，通过分析题和操作题提升设计素养与图形创意设计能力。

1.1 图形基础知识

　　灵活进行图形创意设计的前提是了解图形的基础知识，如图形与图像的区别、图形的基本类别等，这样才能深入地研究图形创意设计。

1.1.1 图形与图像

　　广义上，图像是各种图形和影像的总称，是通过光、电子或其他方式捕捉并呈现的视觉表达形式，其中"图"是指物体反射光或透射光的分布，"像"是人的视觉系统所接收的图在人脑中所形成的印象或认识。但在计算机中，图形和图像是两个不同的概念，它们在创建、加工处理、存储、表现方式等方面存在区别。

1. 位图

　　计算机中的图像多指位图，也叫点阵图，常是通过相机、手机等设备拍摄的图像，由像素组成。位图能逼真地显示物体的光影和色彩，位图中单位面积内的像素越多，分辨率就越高，图像效果就越好，但相应的文件会越大。图1-1所示为位图原图及放大后的效果，位图放大到一定程度后将变得模糊不清。

2. 矢量图形

计算机中的图形多指由一系列点通过计算机指令组成的直线或曲线所构成的矢量图形。构成图形的点和线称为对象，每个对象都是单独的个体，具有大小、方向、轮廓、颜色和位置等属性。由于矢量图形被无限放大或缩小清晰度都不变，且文件小，因此适用于高分辨率印刷。图1-2所示为矢量图形原图及放大后的效果。

图1-1　位图原图及放大后的效果

图1-2　矢量图形原图及放大后的效果

1.1.2　图形的基本类别

通过了解图形的基本类别，可以领悟不同类别图形的特点，这有助于设计人员在图形创意设计中根据主题选择合适的图形。

1. 具象图形

具象图形是指能够直接、具体地表现出客观事物或概念的图形，通常与人们熟悉的现实世界中的对象、场景或符号紧密相关，能够让人一眼就识别出其代表的实体或概念。常见的具象图形有以下4种。

● 人物图形。人物图形内容丰富多样，小到单个人物及其器官、毛发，大到群体人物形象，包含从头到脚的外在形象、从内脏到骨骼的内在结构等。人物图形可以将人物的形态、动作或表情通过图形的形式呈现出来，如图1-3所示。

● 动物图形。动物图形呈现了动物的形象特征与结构特点，让观者一目了然并能辨别出动物的形象，如图1-4所示。不同的动物具有独特的身体结构、生活习性和性格特征，基于此设计的动物图形可用于表达不同的情感、氛围、个性。

● 自然图形。自然图形是指在自然界中常见的由自然产生或形成的图形形状，如峡谷冰川、太阳云朵、花草树木、星星月亮等，如图1-5所示。自然图形可以绚丽夺目，也可以朴实无华，能带给人们舒适、亲切、生动、震撼等感受。

图1-3　人物图形

图1-4　动物图形

图1-5　自然图形

● **物体图形**。这里的物体多指无生命的人造物体，物体图形即物体本身呈现出的造型，以及物体上带有的图形形状，如篮球的圆形，窗户、地板、柜子呈现出的矩形等，如图1-6所示。

2. 抽象图形

抽象图形多用点、线、面的变化来概括事物特征或表达某种抽象概念，不具体反映客观真实的事物形象，从而产生变化无穷、超出现实的视觉效果，如图1-7所示。抽象图形简洁明快，具有较强的装饰性和现代感，并注重整体的表现形式。

图1-6　物体图形

图1-7　抽象图形

1.1.3　像素与分辨率

像素和分辨率是两个密不可分的重要概念，它们共同决定了图像的数据量，也与图像的清晰度密切相关。

● **像素**。像素（Pixel，px）是构成位图的最小单位，每个像素在位图中都有自己的位置，并且包含一定的颜色信息。单位面积内的像素越多，颜色信息越丰富，图像视觉效果就越好，图像文件也越大。

● **分辨率**。分辨率是指单位长度内的像素数目，单位通常为"像素/英寸"和"像素/厘米"。分辨率越高，单位长度内的像素越多，图像越清晰。

> **操作小贴士**
>
> 图像用于屏幕和网络显示时，分辨率可以设置为72像素/英寸；用于喷墨打印机打印时，可以设置为100像素/英寸～150像素/英寸；用于写真或印刷时，可设置为300像素/英寸。分辨率的高低不是绝对的，当图像文件的尺寸足够大时，可以适当降低分辨率，以免图像文件过大影响正常操作和文件传输速度。如一幅300厘米×150厘米的灯箱广告，其分辨率设置为72像素/英寸与设置为300像素/英寸的输出效果相差不大。

1.1.4　颜色模式

图像的颜色模式决定了图像色彩的显示效果，也决定了图像在计算机中显示或输出的方式。图形创意设计中常用的颜色模式有以下4种。

● **CMYK颜色模式**。CMYK颜色模式主要应用在印刷领域，是图书、包装、名片、海报等设计作品中常用的一种印刷颜色模式。CMYK代表印刷使用的4种油墨的颜色：C代表青色，M代表洋红色，Y代表黄色，K代表黑色。

- RGB颜色模式。RGB颜色模式广泛应用于数字图像、显示器和电视等中，R代表红色，G代表绿色，B代表蓝色，肉眼可见的色彩几乎都可以通过红、绿、蓝3种颜色叠加而成。
- HSB颜色模式。HSB颜色模式是更贴近人眼视觉原理的颜色模式，H代表色相，S代表饱和度，B代表亮度。
- 灰度颜色模式。灰度颜色模式经常应用在成本相对低的黑白印刷中，当彩色文件被转换为灰度颜色模式文件时，所有的颜色信息都将从文件中被去除。灰度颜色模式只有一个亮度调节滑块，数值为"0%"代表白色，数值为"100%"代表黑色。

1.1.5　图形与图像文件格式

在图形创意设计中，不同图形与图像素材的文件格式在实际应用中存在较大区别，设计人员应根据作品用途选择合适的格式，常用的文件格式有以下几种。

- AI格式。它是Adobe Illustrator（也称为AI，以下简称Illustrator）的专用格式，也是一种矢量图形文件格式。
- EPS格式。它是一种跨平台的通用格式，大多数绘图软件和排版软件都支持此格式。它可以保存图像的路径信息，并且可以在各软件之间相互转换。
- PSD格式。它是Photoshop的基本格式，在Illustrator中也能使用。该格式能保存图像数据的细节，且各图层中的图像相互独立。其缺点是存储的图像文件比较大。
- PDF。它是一种可移植文件格式，主要用于网络出版，可以包含矢量图形和位图，并支持超链接。在Illustrator中可打开和编辑PDF文件，也可将文件保存为PDF。
- SVG格式。它是一种标准的矢量图形格式，可以使设计人员设计出高分辨率的Web图形页面，并且可以使图形在浏览器页面上呈现出很好的效果。
- JPEG格式。它是一种用来描述位图的文件格式，可用于Windows和macOS平台。它支持CMYK、RGB和灰度颜色模式的图像，但不支持Alpha通道。该格式还可以压缩图像，使图像文件变小。
- TIFF。它是扫描仪生成的一种格式，很多绘画、图像编辑和页面排版应用程序都支持该格式。
- PNG格式。它是网络图像常用的一种文件格式。这种格式可以使用无损压缩方式压缩图像文件，并可以利用Alpha通道制作透明背景，是功能非常强大的网络文件格式。
- BMP格式。它是在DOS（Disk Operating System，磁盘操作系统）和Windows平台上常用的一种标准位图文件格式。该格式支持RGB、灰度等颜色模式的图像，但不支持Alpha通道。
- SWF格式。它是一种以矢量图形为基础的文件格式，常用于交互动画和Web图形。将图形以SWF格式输出，可便于进行Web设计和在配备了Macromedia Flash Player的浏览器上浏览。

- **GIF**。它是一种位图交换格式，适用于线条图（如最多含有256色）形式的剪贴画以及使用大块纯色的图像。该格式使用无损压缩方式来减小图像文件。设计人员在将图像保存为GIF时，可以自行决定是否保存透明区域或者将其转换为纯色。此外，GIF还可用于保存动画文件。

1.2 图形创意

图形设计是有意识的创造性行为，要想创造出效果美观、能有效传达信息、让人印象深刻的图形设计作品，核心便是图形创意。

1.2.1 图形创意的概念和原则

图形创意是设计人员以图形的形式进行创造性设计的实践，即设计人员为实现某种目的，以图形为造型元素，对图形进行创造和组织，最终以新颖的图形形式来传达信息。在图形创意中，设计人员应具备广博的知识和良好的图形塑造能力，并遵守以下原则。

- **准确传递信息**。这是图形创意的根本原则。图形创意是一种表达情感、沟通、交流、互动的方式。设计人员在进行图形创意时，应清晰、准确地传递信息，并在受众之间架起沟通的桥梁。
- **创意新颖**。创意是图形的灵魂，是设计人员的使命和职业要求，也是评价图形的核心指标。新颖的创意能增强图形的感染力，打动受众，并最终引发受众的情感共鸣。
- **形式简洁**。现代图形呈现出简洁化的发展趋势，这要求图形的表现方式更直观，因此设计人员在进行图形创意时，要注重图形的概括性和象征性，用简练的形式来表现丰富的内涵。
- **视觉效果吸睛**。在信息海洋中，人们无法同时捕捉和关注大量信息，只有那些视觉效果吸睛的作品才能吸引观众关注。
- **具有审美性**。图形创意本身的审美性会直接影响图形能否被人们接受。在图形创意中，设计人员要在保证造型美、色彩美等的前提下发散思维，以提高图形品质。
- **具有文化性**。向社会传递文化是图形创意的当代价值取向。设计人员应肩负起传递文化的责任，在图形创意中倡导积极、健康的社会风尚，充分展现时代精神，传承并弘扬民族优秀文化。

1.2.2 图形创意的构图要素

点、线、面是图形创意的基本构图要素，色彩则赋予图形更丰富和生动别致的视觉表现。设计人员通过合理运用这些构图要素，可以创造出高质量的图形设计作品。

1. 点、线、面

对点、线、面的识别与界定，主要依据它们在整个空间中所发挥的作用，点以点的位置为主，线以线的长度和方向性为主，面则以面积较大的特征为主。

- 点。点是最小的构图要素，也是一个相对的概念，在对比中存在。在图形中相对面积较小的即可看作点，任何物体缩小到一定程度都会变成不同形态的点。点具有凝聚视线的作用，通过叠加、堆积、聚合等方式进行编排和组合，还可以使画面具有韵律感，如图1-8所示。

- 线。点与点连接形成线，线是点移动的轨迹。水平线给人以平静、安宁、沉稳和向两边延伸的感觉；斜线可以表现快速、紧张、不安、惊险和活力四射的感觉，可带来动感、冲击力和方向感；曲线给人以柔软、温柔、优雅、流动、温和的感觉，如图1-9所示。粗线厚重、醒目、粗犷、有力，细线纤细、锐利、微弱。长线顺畅、连续、快速，有运动感；短线短促、紧张、缓慢，有迟缓感。

- 面。线的连续移动可以形成面，点放大到一定程度或排布得十分密集也可以形成面。规则的面（如矩形面）可带来稳重、厚实与规矩的感觉；圆形面可带来充实、柔和、圆满的感觉，起到聚焦作用；正三角形面可带来坚实、稳定的感觉，如图1-10所示。不规则的面比较洒脱、随意，可以营造活泼、生动的视觉效果，带来动态感。

| 图1-8　点的运用 | 图1-9　曲线的运用 | 图1-10　正三角形面的运用 |

2. 色彩

色彩是一种极具冲击力的视觉元素，也是一种抽象的图形构成要素。只有善于处理色彩关系，合理搭配色彩，才能使图形更加丰富、完整、美观，给受众留下深刻印象。

（1）色彩三要素

色彩的基本属性有色相、明度、纯度，这也是色彩三要素。

- 色相。色相是色彩的第一要素，它能够准确表述色彩倾向的色别称谓（即颜色），也就是色彩的名称，如玫瑰红、湖蓝、土黄等。

- 明度。明度是色彩的第二要素，指色彩的明暗程度，也称为亮度。颜色中添加的白色越多则越明亮，添加的黑色越多则越暗。色彩的明度会影响人们对物体轻重的判断，比如同样的物体，黑色或低明度的物体给人的视觉感受会偏重，白色或高明度的物体给人的视觉感受会较轻。

- 纯度。纯度也称为饱和度，是指色彩的鲜艳程度。颜色中含有的本色（组成自身颜色的色光）越多，纯度就越高；本色越少，则纯度越低。例如，大红和深红都是红色，但深红中所含的本色（红色）要比大红中所含的本色（红色）少，因此，深红的纯度要低于大红的纯度。高纯度的色彩会带来兴奋、鲜艳、明媚等感受，低纯度的色彩会带来舒适、低调、暗淡等感受。

（2）色彩的感受与联想

色彩与人的情感关系密切，不同的色彩会激发人不同的情绪反应，使人联想到不同事物。

● **红色**。红色的视觉表现力、刺激性强，鲜艳度高，可使人联想到火焰、太阳、鲜血、草莓、西红柿等事物，能够给人热情、勇敢、积极、热烈、喜庆、吉祥等感觉，也可代表愤怒、危险、警示等。

● **橙色**。橙色识别性较强，兼具红色的热情与黄色的轻快，使人联想到橙子、橘子、枫叶、救生衣、夕阳等事物，能够给人冲动、兴奋、成熟等感觉，如图1-11所示。

● **黄色**。黄色明度较高，十分醒目，使人联想到柠檬、向日葵、香蕉等事物，能够给人光明、轻快、活泼、明媚、温暖、权威和尊贵等感觉。

● **绿色**。绿色是大自然的色彩，使人联想到草地、绿叶、青山等事物，代表春天、希望、健康、有机、生长、青春、生命、环保等，能够给人安全、和平、舒适、清新等感觉，如图1-12所示。

● **蓝色**。蓝色较为温和，使人联想到蓝天、海洋、湖泊等事物，色彩情绪较为安宁、祥和，能够给人稳重、冷静、理性、自由、高远、深邃、沉着、文静、朴素等感觉。

● **紫色**。紫色的色性比较中性，使人联想到葡萄、薰衣草等事物，能够给人高贵、优雅、奢华、神秘、浪漫等感觉，如图1-13所示。

● **黑色**。黑色使人联想到乌鸦、炭、黑夜、墨、眼睛等事物，常带来庄严、安静、肃穆、深沉、坚毅、稳重与压抑等感觉。

● **白色**。白色使人联想到米饭、白墙、白纸、棉花、羊毛、婚纱、白云等事物，能表现出纯洁、神圣、虔诚、柔和、脱俗与空灵等感觉。

● **灰色**。灰色使人联想到水泥、大地等事物，能带来高雅、低调、诚恳、沉稳、考究的感觉，看似简单却一点也不单调，可以和任何色彩和谐搭配。

图1-11　橙色图形　　　　　图1-12　绿色图形　　　　　图1-13　紫色图形

（3）色彩搭配方法

为了使图形符合受众喜好、背景环境、市场审美，更准确地传达核心信息，可以根据不同主题来为图形配色。

- 食品主题类图形。食品主题类图形重在突出食品的美味或食品原料的健康、自然等特点，以引起受众的食欲，因此可多选用鲜艳、醒目的色彩进行搭配，如纯度较高的红色、橙色、黄色、绿色、粉色等，如图1-14所示。

- 情感主题类图形。由于情感主题类图形涉及的行业较广，因此可针对不同的情感倾向来选择不同的色彩进行搭配。在表达亲切、温暖、浓郁、饱满的情感时，可多用视觉感染力强的暖色调（色调是指画面整体所呈现的色彩倾向）色彩，如黄色、橙色、棕色、红色，如图1-15所示；在表达沉静、清冷、空虚、压抑的情感时，可多用冷色调色彩和无彩色，如蓝色、紫色、绿色、灰色、黑色。

- 科技主题类图形。科技主题类图形不仅侧重实用性，还侧重传递严谨、冷静、超现实的感觉。不同科技领域的象征色彩有所不同，如蓝色被广泛用于网络科技领域，银灰色、白色被广泛用于航天科技领域，绿色、青色被广泛用于生物科技领域。

- 安全主题类图形。安全主题类图形往往需要传达出可靠、值得信任的安全感，以稳定、内敛、沉着的特征打动受众，因此可摒弃张扬花哨的色彩，而选择简单、轻柔的色彩，如蓝色、绿色、灰色、白色等，如图1-16所示。

- 环保主题类图形。环保主题类图形多用环保色，所谓的环保色是指不会造成色污染的色彩，如大自然的代表色绿色，但大面积使用绿色会让人产生视觉疲劳，造成色彩方面的视觉污染。因此环保主题类图形可以搭配使用绿色、蓝色、白色、灰色等，以种类繁多的色彩丰富视觉效果，减轻单一色彩带来的疲劳感。

图1-14　食品主题类图形 　　　　图1-15　情感主题类图形 　　　　图1-16　安全主题类图形

1.2.3　图形创意的形式美法则

　　形式美是指自然、生活、艺术中的各种构图要素，以及将其规律地组合产生的美，是美的形式的共同特征。自古以来，人们所追求的形式美可以高度概括为统一与变化、对称与均衡、节奏与韵律、对比与调和。

- 统一与变化。在变化中求统一、在统一中求变化是一切形式美所遵循的基本法则。具体而言，便是先将不同的要素有序地统一在一起，然后为避免产生单调、死板的感觉，在统一中适当改变色彩、大小、方向、曲直、浓淡、肌理质感等，使画面更加活泼生动、丰富多彩。图1-17所示的作品中，山峦图形基本采取了统一的形态和颜色，采用交错排列营造变化，增强作品的层次感。

● 对称与均衡。对称与均衡法则决定着图形是否具有重心稳定的构图，对称容易产生统一感，均衡则营造画面的动感与变化。对称是同形同量的构图状态，是指在一条中心线（或一个中心点）的上下或左右，各要素呈同形同量的完全对等状态；均衡是异形同量的构图状态，是指在一条中心线（或一个中心点）的上下或左右，各异形元素保持视觉上的平衡。二者都能产生和谐、稳定的美感。

● 节奏与韵律。节奏是指构图要素有规律地反复呈现，使人在视觉上感受到连续性和秩序性；韵律是指构图要素按一定规律产生的节奏变化。节奏决定着韵律的情调和趋势，韵律则在节奏的基础上进行丰富和发展。图1-18所示的作品通过有规律地改变曲线的大小、位置和收缩方向，产生自然而流畅的视线引导效果，具有明显的节奏与韵律。

● 对比与调和。对比是指色彩、形状、材质、纹理等构成要素之间的明显差异，调和是在多种构成要素之间寻找相互协调的因素。对比强调差异，产生冲突；调和缓和冲突，营造统一的氛围。我国传统图形就有"方中有圆，圆中有方""刚中有柔，柔中有刚""动中有静，静中有动"的设计原则，这便是对比与调和的极好说明。图1-19所示的作品运用不同的色彩、纹理、材质进行对比，同时利用对称的布局进行调和。

图1-17　统一与变化　　　　图1-18　节奏与韵律　　　　图1-19　对比与调和

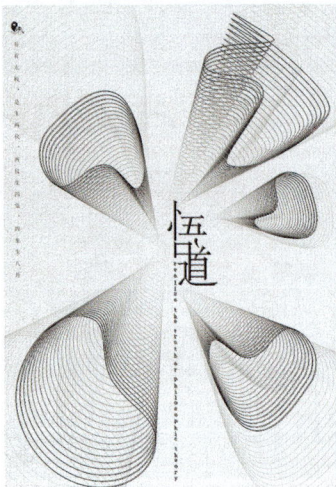

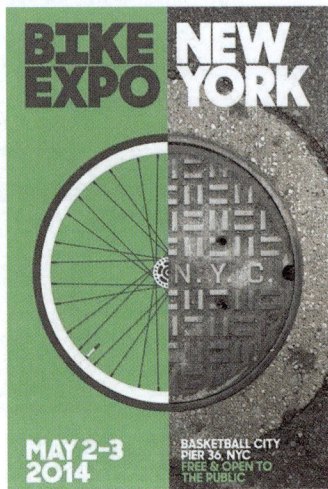

1.2.4　图形创意的思维方法

具备图形创意思维是进行图形创意的基础。设计人员不能停留在对约定俗成的形象的常规解释中，而要学会运用图形创意思维方法，充分发挥自身的创造能力，发掘图形的潜在含义，打破常规，从全新的概念出发，最终设计出更巧妙、更有创意、更易传播的图形。

1. 联想

联想是指由某人或某个事物而想起与其相关的人或事物，或由与主题相关的某一概念而联想到其他相关概念，即由此及彼的过程，如图1-20所示。联想大致可以分为以下4种。

- **相似联想**。相似联想是指在看似毫无关系的事物之间，由于存在形态、色彩、结构、性质、作用等方面的相似性和共性，而产生联想。例如，三角形——三明治，黄色——太阳，月亮——团圆。
- **接近联想**。接近联想是指根据事物在空间或时间上的接近性产生联想。例如，鼠标——键盘，闪电——打雷，手机——扫码。
- **对比联想**。对比联想是指从性质或特点相反的事物上产生联想，它既揭示了事物之间的差异性，又通过对比凸显了各自的特性。例如，黑暗——光明，红色——绿色，动——静。
- **因果联想**。因果联想是指依据逻辑思考，对有因果关系的事物产生联想。例如，酒驾——车祸，生病——吃药，战争——死亡。注意在因果关系中，原因必定在前，结果只能在后，二者的顺序不能颠倒。

360冬至节气营销海报
这组海报的设计充分运用了联想创意思维。设计人员由冬至联想到雪、雪山、雪松、雪人、饺子等元素，并将这些元素和谐地融入画面，构成一张张完整的海报。

图1-20　联想的运用

🖉 设计大讲堂

　　二十四节气是我国古代劳动人民智慧的结晶，此外，我国还有多个传统节日，如春节、中秋节、重阳节等。这些传统节日与二十四节气都是中华民族悠久历史文化的重要组成部分，蕴含着丰富的文化内涵和精神核心。设计人员应拥有高度的文化自信，将我国传统文化与现代设计相融合，弘扬和传承这些宝贵的传统文化。

2. 想象

　　联想是由已知事物想到已知事物的过程，而想象通常是由已知事物想到未知事物、由客观到主观的过程，具有创造性。想象是指在通过联想获得的素材的基础上，以记忆中的表象为起点，凭借自己的经验，根据感觉和意图重新加工和创造素材，进而产生新图形的过程。想象大致可以分为以下两种。

- **再造想象**。再造想象是根据语言或者图形的启发，在脑海中重新创造出一种形象的过程。例如，建筑师根据建筑线稿图纸在脑海中想象出真实的建筑效果。
- **创造想象**。创造想象是指根据一定的目的和需要，在头脑中创造出全新形象，是一种从无到有的创造过程。例如，在科幻插画中创造一个前所未有的科幻场景。

3. 比喻

在图形创意中，比喻是指用受众相对熟悉的具象图形来表现受众相对不太了解的事物或抽象概念，被比喻的事物或抽象概念为本体，用作比喻的具象图形为喻体。设计人员可以把在某个方面有相似之处或本质上有共通之处的两种事物相互结合，然后根据两者之间的相似关系，用其中一种事物的明显特征来表现另一种事物。比喻大致可以分为以下两种。

- **明喻**。明喻是指直截了当地用另外的事物比拟某事物，以表示两者之间的相似关系。明喻的表达方法：A像B。图1-21所示的第22届上海国际电影节海报就运用了明喻，将打开水帘洞比喻成拉开电影节帷幕，紧箍咒的造型就像数字"22"。
- **暗喻**。暗喻的比喻关系没有那么明显，因此暗喻从表面上来看并不像比喻。暗喻是在喻体的暗示之下让受众感知、理解本体，暗喻的表现强度比明喻更高，表意更含蓄而深刻，常用于比喻那些只可意会不可言传的事物。暗喻的表达方法：A是B。图1-22所示的公益海报就是在暗喻浪费纸张等同浪费树木资源。

图1-21 明喻的运用    图1-22 暗喻的运用

4. 象征

在图形创意中，象征是指在法律规定或者约定俗成的情况下，用具体的图形指代某种抽象的事物，从而表达某种特殊的寓意。一些具有特定含义的形象常被用作象征对象，如用橄榄枝象征和平、用中国结象征中国传统文化。

5. 夸张

夸张是为了满足某种表达效果的需要，对最能够代表事物本质特征的部分采用拉大比例、突出局部细节等手段，在尊重客观现实的基础上有目的地放大或缩小事物的外形特征，以揭示本质，帮助观者理解概念或烘托气氛。

6. 变形

变形是指改变图形原来的形态，或扭曲原来的图形，以展现强烈的视觉效果，从而强调图形某方面的特点，如图1-23所示。变形可以使用扭曲、拉伸、压缩、增殖、损缺、更改比例、串联形象等手段，改变图形原有的正常形态，从而赋予其鲜明的趣味性和装饰美。

牙线广告
广告以运送垃圾的垃圾车为灵感，将垃圾车挤扁、扭曲、变形，使其像牙线一样细，表明牙线能够轻松穿梭在齿缝中带走垃圾，以展现牙线强大的清洁能力。

图1-23　变形的运用

1.2.5 图形创意的设计技巧

在图形创意领域，设计人员可以从优秀、经典的图形创意作品中总结出多种精妙的设计技巧，运用这些技巧，能有效提升图形创意作品的质量。

● 共生。共生是指一个画面中两种及以上的图形相互依存、共同存在，具有外在形态的相适性和内在特征的相关性，通常表现为完全共用或共享一个空间，或共用同一边缘，并且一部分图形是另一部分图形存在的前提条件，如图1-24所示。

● 同构。同构是指两个或两个以上有着共同特点或相似属性的图形组合在一起，共同构成新图形。同构图形无须追求真实性，而是以视觉艺术性、信息传递性、个性为目的，把相似或毫无关联的元素自然地组合在一起，通过对色彩、形态、角度等属性的设计，使新图形中的多个元素协调统一，如图1-25所示。

● 拼贴。拼贴是指通过分解、并置、编排、重组等方式，将多个图形拼接组合成一个新图形，如图1-26所示。拼贴图形看似随意，但注重各组成图形之间的联系。此外，拼贴的材料几乎没有限制，能找到的任何材料都可以用于拼贴。

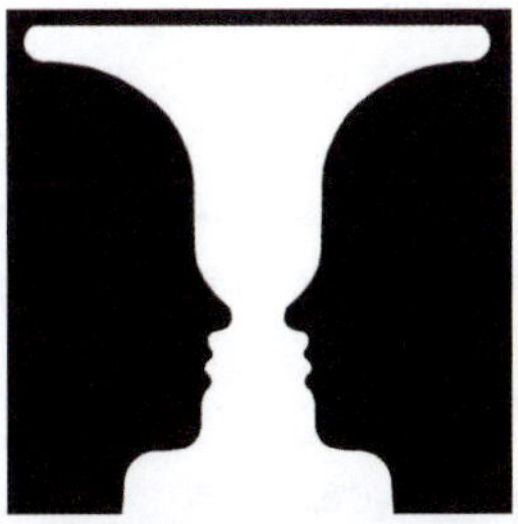

图1-24　共生图形

图1-25　同构图形

图1-26　拼贴图形

● 解构。解构是指将现有图形的形态分解、打散，然后将其重新组合为具有视觉传达意义的图形，如图1-27所示。解构不是随意拆散，而是为了表达特定主题或引发受众思考而创造新的形态。解构图形的重点在于被解构的部分，要注意对这一部分加以简化和限制，使解构后的效果具有意义上的完整性，体现出内容和形式上的关联性。

● 重构。重构是指根据设计需求，运用形式美法则，找到合乎逻辑的关联，将已有的不同图形系统地组合起来，从而创作出与原来完全不同的新图形，如图1-28所示。重构与解构常常搭配运用，设计人员可以先解构图形，再结合其他事物来重构图形。

图1-27　解构图形

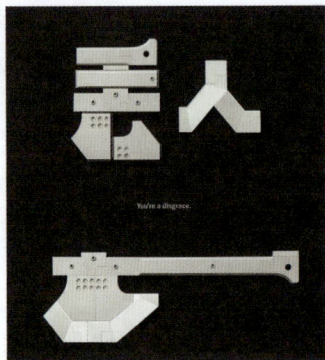

图1-28　重构图形

批判语言暴力的图形设计
将具有伤害性的语言文字分解、重组，改变图形的方向与位置，使其形成锋利的、危险的武器形态，暗示语言暴力如同凶器会令人受伤。这种奇妙的重构图形具有强烈的视觉冲击力，既能吸引人们注意，又发人深省。

● 无理。无理是指用非自然的表现手法，违背现实世界中人们所知晓的合理、固定的秩序，设计出荒诞、反常、反逻辑的图形，如图1-29所示。其目的在于打破真实与虚幻、主观思想与客观世界的界限，在无理图形中表达奇思妙想或隐含的深意。

● 异变。异变也称延异，是指图形由一种形态逐渐演变成另一种形态，需要在画面中表现图形渐变的具体形态和过程，从而表现事物的发展过程，传达起始图形和终止图形的关联性，如图1-30所示。设计异变图形时，可以先确定起始图形和终止图形的形态，然后设计两者中间的过渡形态，再进一步设计更多过渡形态。在图形异变过程中，每两个图形之间的形态变化要自然，且兼顾形状、大小、方向等多方面的变化，还要相互连续、合乎逻辑，否则会让人感觉生硬甚至反感。

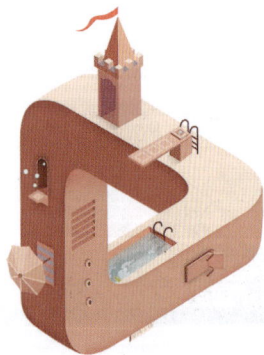

图1-29　无理图形

图1-30　异变图形

《天与水》（埃舍尔）
通过运用异变技巧，埃舍尔巧妙地将天空中的鸟和水中的游鱼进行有机结合。在画面中，黑色的鸟和白色的游鱼从中间分开，往上变化成鸟，往下变化成游鱼。这样的设计使得从不同的角度理解会有不同的含义，使进化与退化在一念之间，循环往复、对立统一。

1.3　图形创意设计的应用领域

图形创意是一种对图形语言的创造性设计，具有一定的基础性和适用性，被广泛应用于图标设计、插画设计、VI（Visual Identity，视觉识别）设计、海报设计、图书封面设计、包装设计、商业广告设计等领域。

1.3.1　图标设计

广义的图标是指现实世界中的图形符号，具有明确指向的含义，以简洁明了的图形形式代表各种功能或概念。图形创意在图标设计中尤为重要，因为图标设计需要在极小的空间内准确地传达信息，同时保持视觉上的吸引力和辨识度。图1-31所示的一组社交软件图标运用了共生设计技巧，以彩色图形强调产品特性，以中间的白色图形表达产品的媒体或社交属性。

1.3.2　插画设计

插画是视觉传达的重要形式，无论是商业插画还是艺术插画，图形创意都是其核心竞争力，它决定了作品能否吸引受众的注意力并引发共鸣。图1-32所示的插画具有鲜艳的色彩、简洁的线条、卡通化的人物形象，极具吸引力和趣味性，能够吸引儿童关注并激发他们的想象力和创造力。

图1-31　社交软件图标

图1-32　插画设计

1.3.3　VI设计

VI设计是塑造企业或品牌形象的重要手段，VI包括标志、标准色、辅助图形等组成部分。在VI设计中，图形创意是塑造形象的常用方式，能有效提升企业或品牌的识别度。图1-33所示的VI设计运用线条构成类似树木的形状，暗示该品牌家具以实木为材料，图形运用棕色和黑色，既具有自然的气息，又能塑造高端、沉稳的品牌形象。

图1-33　ANTHEWOOD家具品牌VI设计

图1-33　ANTHEWOOD家具品牌VI设计（续）

1.3.4　海报设计

随着文化产业的繁荣和人们审美水平的提高，海报设计在文化传播和宣传中发挥着越来越重要的作用。海报设计是一种具有强烈视觉效果的艺术设计形式，能传达特定的信息或主题。在海报中添加造型简洁、形象鲜明、主题突出、富有创意的图形，能使海报具有强烈的视觉冲击力。图1-34所示的海报将习字时不可或缺的工具（镇纸、笔搁、毛笔、墨床、石砚）融入"山""水""风""云"文字中，呈现出书法的独特韵味和意境。

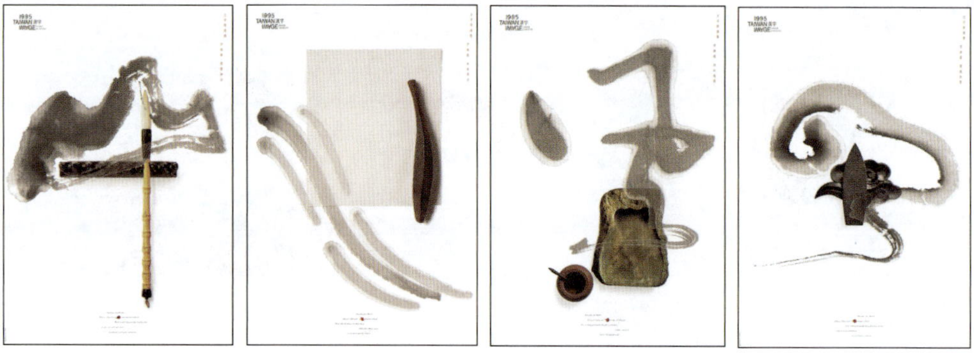

图1-34　靳埭强《文字的感情》汉字主题系列海报设计

1.3.5　图书封面设计

图书封面是图书的"门面"，直接影响读者的第一印象和购买决策。图书封面设计可以通过独特的图形设计来吸引读者的眼球，同时呼应图书内容，传达图书的主题和情感。图1-35所示的系列丛书采用了相似的版式，文字、图形的位置都较为统一，每本图书的封面都运用了对比色配色和相似的图形设计手法，并使图形与书名、主题相呼应，在统一中又各具特点，整体美观性极强。

1.3.6　包装设计

包装是产品的"外衣"，它不仅起着保护产品的作用，还承担着吸引消费者和促进销售的重任。包装设计可以通过富有创意的图形设计提升产品外观的视觉吸引力，塑造产品和品牌形象，并传达产品的特点和优势。图1-36所示的包装运用了可爱的老虎图形吸引消费者目光，为老虎设计了生动的表情和动作，以让消费者产生了解和购买产品的冲动。

图1-35　科技类丛书封面设计

图1-36　"咔咔拌"方便食品包装设计

1.3.7　商业广告设计

　　发布商业广告是商家推广产品和服务的重要手段之一。商业广告设计可以通过生动的图形和巧妙的构思吸引人们注意，并传达广告信息，激发人们的购买欲望和行动意愿。图1-37所示的两个广告均利用了同构技巧，充分展现了饮品的原材料。左图瓶中的果汁变成果肉飞溅出来，形象地表现了果汁的真材实料；右图的纯净水中浮现出美丽的绿色城市场景，体现出饮用水的绿色、环保、健康。

图1-37　饮品商业广告设计

1.4　课后练习

1. 填空题

（1）_____是由一系列点通过计算机指令组成的直线或曲线所构成的。

（2）_____是构成位图的最小单位。

（3）_____是指在法律规定或者约定俗成的情况下，用具体的图形指代某种抽象的事物，从而表达某种特殊的寓意。

（4）点以点的_____为主，线以线的_____和_____为主，面则以_____的特征为主。

2. 选择题

（1）【单选】一般用于屏幕和网络显示的图像，分辨率可以设置为（　　）像素/英寸。

A. 72　　　　　　　　B. 100　　　　　　　　C. 150　　　　　　　　D. 300

（2）【单选】（　　）是指一个画面中两种及以上的图形相互依存、共同存在，具有外在形态的相适性和内在特征的相关性。

A. 同构　　　　　　　B. 拼贴　　　　　　　C. 共生　　　　　　　D. 重构

（3）【多选】图形创意的形式美法则包括（　　）。

A. 统一与变化　　　B. 对比与调和　　　C. 节奏与韵律　　　D. 对称与均衡

（4）【多选】联想这一图形创意思维方法包含（　　）。

A. 相似联想　　　　B. 对比联想　　　　C. 因果联想　　　　D. 接近联想

3. 分析题

世界自然基金会致力于保护世界生物多样性及生物的生存环境，多年来推出了许多公益海报，如图1-38所示，请从构图要素、设计技巧等方面分析这些海报中的图形创意。

图1-38　世界自然基金会公益海报

4. 操作题

寻找生活中外观为三角形、方形或圆形的物体，并尝试运用发散思维，基于三角形、方形、圆形等基本形状，创造出简单的图形。例如，在其基础上通过添加或减少元素进行变形，或按照不同的位置关系将不同形状进行组合等。

Ai

第 **2** 章

Illustrator
基础知识

随着计算机图形技术的不断发展，与其相关的设计软件层出不穷，可以充分满足各种图形创意设计需求。在众多软件中，Illustrator 是一款能应用于印刷出版、海报与图书排版、专业插画设计、多媒体图像处理和互联网页面设计等领域的工业标准矢量绘图软件，在图形绘制与优化、艺术处理等多方面具有强大的功能，能充分满足设计人员的各种图形设计需求。

学习目标

▶ **知识目标**

◎ 熟悉 Illustrator 的工作界面。
◎ 掌握 Illustrator 的基本操作。

▶ **技能目标**

◎ 能够绘制图形、管理对象。
◎ 能够应用文字、图表与符号，以及制作特殊效果。

▶ **素养目标**

◎ 加强对专业技能的培养，提升软件应用能力。
◎ 培养良好的图形绘制与编辑习惯。

学习引导

STEP 1 相关知识学习 　　　　　　　　　建议学时：　3　学时

课前预习	1. 扫码查看Illustrator在图形创意设计中的应用案例。 2. 下载并安装Illustrator，尝试进行一些简单操作。
课堂讲解	1. Illustrator的工作界面和基本操作。 2. Illustrator的常用功能。
重点难点	1. 学习重点：绘制图形、管理对象、应用文字。 2. 学习难点：应用图表和符号、制作特殊效果。

课前预习

电子书

STEP 2 技能巩固与提升 　　　　　　　　建议学时：　1　学时

课后练习	通过填空题、选择题巩固Illustrator基础知识，通过操作题提高对Illustrator的基本应用能力。

2.1 熟悉Illustrator

　　Illustrator拥有直观易用的界面、丰富的工具和卓越的性能，在其中绘制的图形是基于数学意义的点产生的矢量图形，具有绝对的准确性，在计算机上可以无损地放大、缩小，因此其常用于图形创意设计，能为各行各业的设计人员提供广阔的图形创意空间。

2.1.1 Illustrator的工作界面

　　启动Illustrator并打开文件后，将进入图2-1所示的工作界面（本书以Illustrator 2024为例进行讲解）。该界面主要由菜单栏、控制栏、标题栏、画板、上下文任务栏、状态栏、工具箱和各种面板组成。

● **菜单栏**。Illustrator的菜单栏中包含文件、编辑、对象、文字、选择、效果、视图、窗口和帮助9个菜单项。选择某个菜单项，在弹出的菜单中选择一个命令，可执行该命令。某些命令右侧显示了字母，表示该命令有对应的快捷键，设计人员可按对应的快捷键执行命令。

● **控制栏**。控制栏中显示了一些常用的参数。使用不同工具或选择不同的对象时，控制栏中的参数也会发生变化。如选择绘制的图形后，控制栏中会显示图形的填充、描边、不透明度、位置、宽度和高度等参数。若工作界面中没有显示控制栏，可以选择【窗口】/【控制】命令将控制栏显示出来。

图2-1　Illustrator 2024的工作界面

● **标题栏**。打开文件后，标题栏中会自动显示一个由该文件的名称、格式、画板显示比例及颜色模式等信息组成的名称标签。当同时打开多个文件时，在名称标签处单击会切换到对应文件，单击名称标签右侧的 ✖ 按钮可以关闭该文件。

● **画板**。画板是工作界面的中心矩形区域，也是在Illustrator中进行操作和预览文件效果的主要区域。

● **上下文任务栏**。上下文任务栏用于显示当前工作流程中最相关的后续步骤，当选择一个对象时，上下文任务栏会显示在画板四周，并提供可能用到的后续步骤选项，如编辑路径、编组、重新着色、锁定对象、生成式填充等。

● **状态栏**。状态栏位于工作界面底部，显示了当前画板的显示比例、旋转角度、画板数量、切换画板按钮、工具信息等内容。

● **工具箱**。工具箱集合了Illustrator的所有工具，默认位置在工作界面左侧，拖曳工具箱顶部可以将其移动到工作界面的任意位置。若工具图标右下角有一个黑色的小三角标记 ◢，表示该工具位于一个工具组中，工具组中还有一些隐藏的工具；在该工具图标上按住鼠标左键或单击鼠标右键，可显示该工具组中的所有工具。工具箱默认显示的工具比较少，选择【窗口】/【工具栏】/【高级】命令，可在工具箱中看到所有工具。除此之外，单击"编辑工具栏"按钮 ⋯，将打开"所有工具"面板，在其中可以查看工具箱中所有的工具与工具分组信息，如图2-2所示。将鼠标指针移动到某个工具上，将之拖曳到工具箱中，可在工具箱中显示该工具。

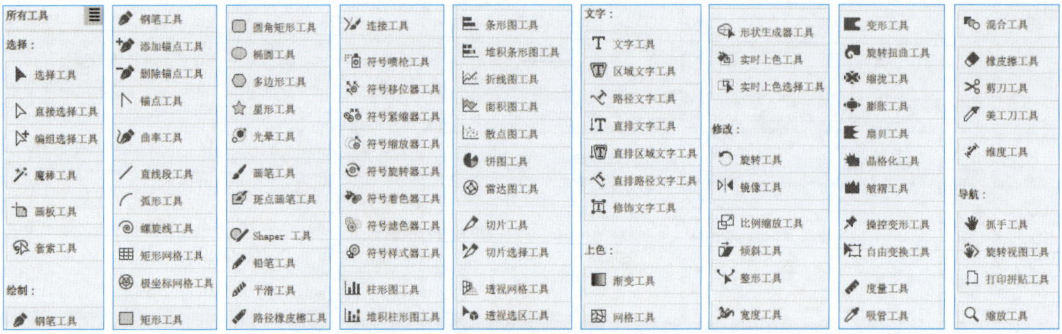

图2-2　工具箱中的所有工具

● **面板**。Illustrator提供了多种面板，主要用于编辑对象和图层、设置工具参数和选项等，设计人员通过"窗口"菜单可以打开这些面板。Illustrator默认打开的面板是在操作过程中经常使用的，位于工作界面右侧，单击面板右上角的 × 按钮可关闭相应面板。面板可单独显示，也可以组的形式显示，单击 ▶▶ 按钮可将展开的面板折叠，单击 ◀◀ 按钮可再次展开面板。

操作小贴士

　　Illustrator的工作界面包含不同模式的工作区，每种工作区在默认状态下都包含不同的面板，且面板的位置和大小都有利于当前编辑操作。选择【窗口】/【工作区】命令，在弹出的子菜单中选择对应工作区命令，可将当前工作区切换到预设的工作区；也可根据自己的操作习惯将面板重新组合、排列或关闭，然后选择【窗口】/【工作区】/【新建工作区】命令，将自定义的工作区存储起来，以便下次使用。

2.1.2　Illustrator的基本操作

掌握Illustrator的基本操作，有利于进行图形创意设计。

1. 新建和保存文件

选择【文件】/【新建】命令，或按【Ctrl+N】组合键，可打开图2-3所示的"新建文档"对话框，在对话框顶部有不同用途的预设类型，如最近使用项、已保存、移动设备等，选择任意预设类型，可在下方展示的选项中选择需要的规格尺寸创建文件。若需要自定义文件的宽度、高度、出血和颜色模式等参数，需要在"新建文档"对话框右侧的"预设详细信息"栏中进行设置。单击 更多设置 按钮，将打开"更多设置"对话框，在其中能对文件进行更详细的设置，如配置文件、画板间距、画板排列方式等，最后单击 创建 按钮，完成新文件的创建。

选择【文件】/【存储】命令或按【Ctrl+S】组合键，可打开"存储为"对话框，设置文件的存储位置、名称和存储类型等，单击 保存(S) 按钮即可保存当前文件，之后对已存储过的文件再次应用该命令，将直接存储。若选择【文件】/【存储为】命令或按【Shift+Ctrl+S】组合键，将打开"存储为"对话框，可以设置新的保存位置或名称。

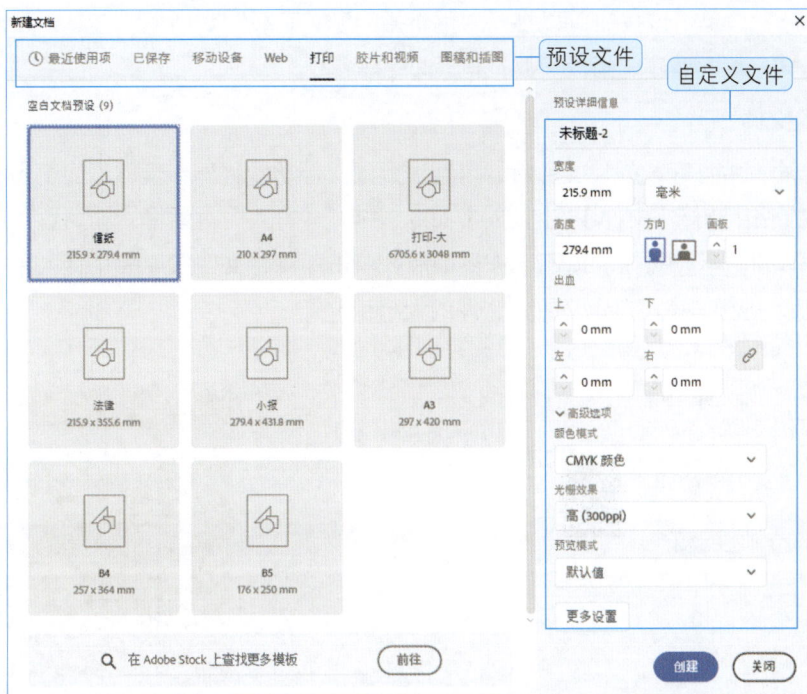

图2-3 "新建文档"对话框

2. 设置画板

新建文件后，画板的大小和位置可以更改，而且一个文件中可同时存在多个画板，多画板常用于多页面设计作品。选择"画板工具"，画板四周将出现定界框，将鼠标指针移动到画板内部拖曳可以移动画板，拖曳画板定界框上的控制点可以调整画板大小。在"画板工具"的控制栏中可以设置画板的参数，如图2-4所示。

图2-4 "画板工具"的控制栏

- 自定。选择画板，在该下拉列表中选择一种预设的尺寸可修改画板大小。
- 纵向、横向。单击对应按钮，可以调整画板的方向。
- 新建画板。单击该按钮，可新建一个与所选画板大小相同的画板。
- 删除画板。单击该按钮将删除所选的画板。
- 名称。该文本框用于设置所选画板的名称。
- 移动/复制带有画板的图稿。该按钮默认处于选中状态，表示在移动和复制画板时，画板中的内容同时被移动并复制。
- 画板选项。单击该按钮，将打开"画板选项"对话框，在其中可设置画板参数。
- X、Y。这两个数值框用于设置画板在工作界面中的位置。
- 宽、高。这两个数值框用于设置画板的大小。
- 约束宽度和高度比例。单击该按钮，设置画板的宽度和高度时，可以约束宽度和高度的比例，即同时改变宽度和高度的值，使其比例保持不变。

- 全部重新排列 。单击该按钮可以打开"重新排列所有画板"对话框，在其中可设置版面排列方式、版面顺序、画板列数、画板间距等参数。

3. 置入文件

在Illustrator中打开或创建文件后，可通过置入文件功能将外部素材添加至当前文件中。置入文件的方法：选择【文件】/【置入】命令，打开"置入"对话框，选择置入文件，设置置入参数，单击 置入 按钮。返回工作界面后，单击即可将文件按原大小置入单击的位置，如图2-5所示，进行拖曳可自定义置入文件的大小和位置。

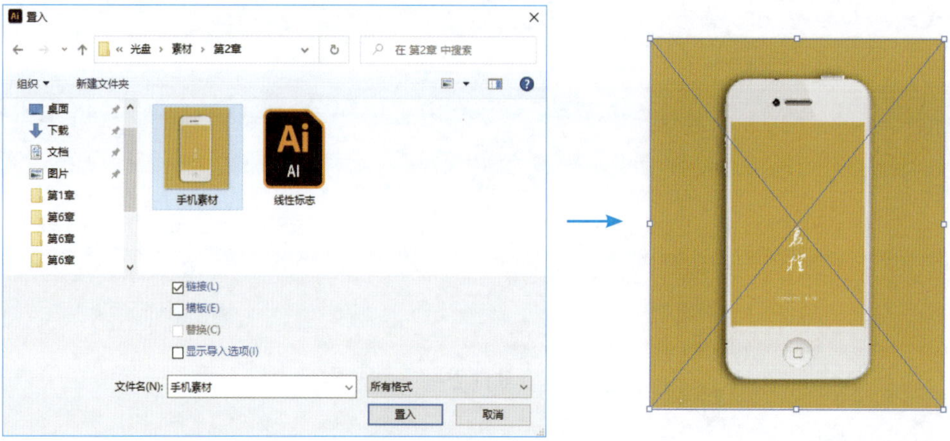

图2-5　置入文件

另外，置入文件有链接和嵌入两种方式。

- 链接文件。若在"置入"对话框中选中"链接"复选框，将以链接的方式置入文件。原文件大小不会因为置入文件而增加，当文件被重新编辑或存储位置发生改变时，Illustrator会自动提示更新，若置入文件丢失，置入文件可能无法正常显示。
- 嵌入文件。若在"置入"对话框中取消选中"链接"复选框，将以嵌入的方式置入文件。嵌入后，若文件被重新编辑或存储位置发生改变，置入的文件不会受到影响，但会在一定程度上增加原文件的大小。

链接文件后，在控制栏中单击 嵌入 按钮可将链接文件转化为嵌入文件。

操作小贴士

选择【窗口】/【链接】命令，将打开"链接"面板，在该面板中可选择置入的文件，单击底部的按钮组可以管理置入的文件，如重新链接、转至链接或更新链接等。

4. 导出文件

在Illustrator中完成作品的创作后，应将其导出为不同格式的文件，以便在其他平台中打开和使用。选择【文件】/【导出】命令，弹出的子菜单提供了以下3种导出子命令。

- 导出为多种屏幕所用格式。选择该命令可以一步生成不同大小和格式的文件，以适应不同屏幕的需求。

- 导出为。选择该命令可以将文件导出为PNG、JPG和SWF等常见的文件格式。
- 存储为Web所用格式（旧版）。选择该命令可以在导出文件的同时，优化文件在计算机网页或手机等移动设备屏幕上的显示效果。

5. 浏览视图

打开文件后，可通过控制栏的缩放数值框调整视图缩放比例（即画板显示比例），也可在"视图"菜单中选择合适的缩放命令，如放大、缩小、画板适合窗口大小、全部适合窗口大小和实际大小等，使视图更适合浏览，如图2-6所示。此外，还可通过"缩放工具" 、"抓手工具" 、"导航器"面板辅助浏览视图。

（1）缩放工具

若当前画面不满足浏览需要，可以选择工具箱中的"缩放工具" ，再将鼠标指针移动到画板中，此时鼠标指针会显示为放大镜形状，其内部还有一个"+"标记，在画板任意位置单击，可将当前画板放大一倍，且单击处将移动到屏幕中间，如图2-7所示。按住【Alt】键并向前滚动鼠标滚轮，将以鼠标指针所在位置为中心快速放大视图；按住【Alt】键并向后滚动鼠标滚轮，将以鼠标指针所在位置为中心快速缩小视图。

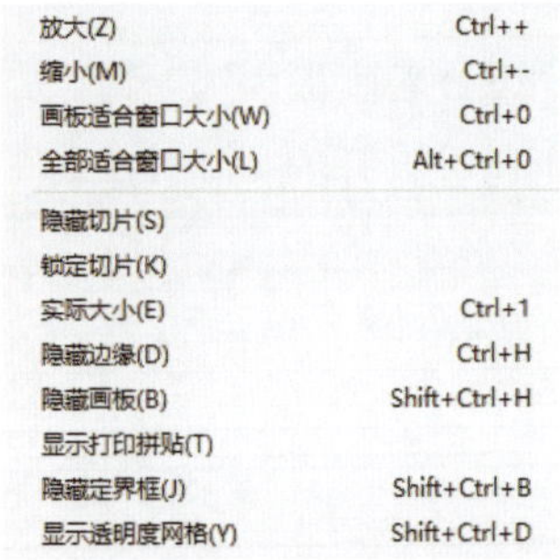

图2-6 "视图"菜单命令 　　　　图2-7 使用"缩放工具"放大显示局部画面

（2）抓手工具

在当前画面呈较大倍数显示时，在工具箱中选择"抓手工具" 或按【H】键，此时，鼠标指针变为 形状，朝任意方向拖曳画板，可查看画板不同位置的画面。图2-8所示为使用"抓手工具" 向上拖曳画板，以查看下方的画面。

图2-8 使用"抓手工具"查看画面

（3）"导航器"面板

如果画板的放大倍数较大，能同时看到的图像内容较少，使用"缩放工具" 🔍 和"抓手工具" ✋ 查看图像就不太便捷。此时，可通过"导航器"面板更加快速地查看图像。选择【窗口】/【导航器】命令，打开"导航器"面板，如图2-9所示，其中的主要参数介绍如下。

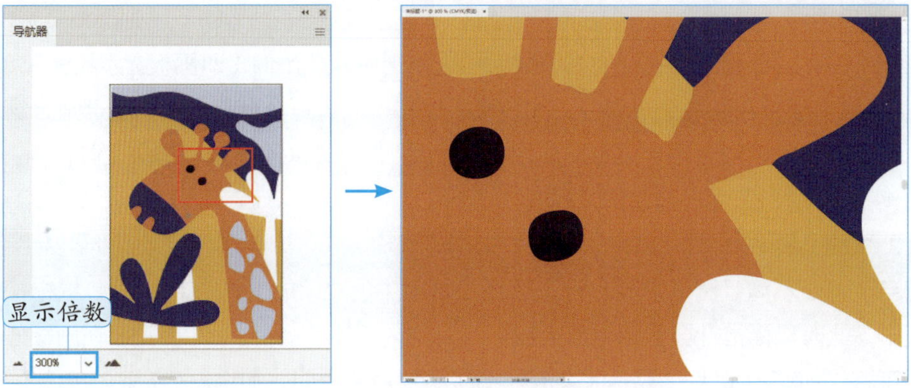

图2-9 "导航器"面板

- 视图框。视图框默认显示为红色矩形框，用于指示画板中当前正在查看的区域。保持放大状态并拖曳视图框到其他位置，可查看不同区域的图像。
- ≡按钮。单击面板右上角的≡按钮，在弹出的菜单中选择"仅查看画板内容"命令，缩略图将仅显示画板内的内容；选择"面板选项"命令，则可在打开的"画板选项"对话框中设置视图框的颜色。
- 显示倍数。用于设置精确的显示倍数。单击 ◢ 按钮，可减小显示倍数；单击 ◢◢ 按钮，可增大显示倍数。

6. 辅助工具：标尺、参考线、网格

Illustrator 提供了标尺、参考线和网格等辅助工具，这些工具可以帮助设计人员精确定位所绘制和编辑的图形，更准确地测量图形的尺寸。

（1）标尺

显示标尺是创建参考线的第一步，按【Ctrl+R】组合键或选择【视图】/【标尺】/【显示标尺】命令可显示标尺，按【Ctrl+R】组合键可将显示的标尺隐藏。如果需要设置标尺的单位，则在标尺上单击鼠标右键，在弹出的快捷菜单中选择需要的单位，如图2-10所示。

（2）参考线

设计人员可以根据标尺、路径创建参考线，也可以启用智能参考线，具体方法如下。

- 利用标尺创建参考线。将鼠标指针移至水平标尺或垂直标尺上，朝画板方向拖曳，即可创建参考线。
- 利用路径创建参考线。选中路径，按【Ctrl+5】组合键，或选择【视图】/【参考线】/【建立参考线】命令，可将选中的路径转换为参考线，如图2-11所示。选择【视图】/【参考线】/【释放参考线】命令，可将选中的参考线转换为路径。
- 启用智能参考线。选择【视图】/【智能参考线】命令，或按【Ctrl+U】组合键，可

显示智能参考线。当将图形移动到一定位置或旋转到一定角度时，智能参考线就会高亮显示并给出提示信息。图2-12所示为利用智能参考线垂直居中对齐图形。

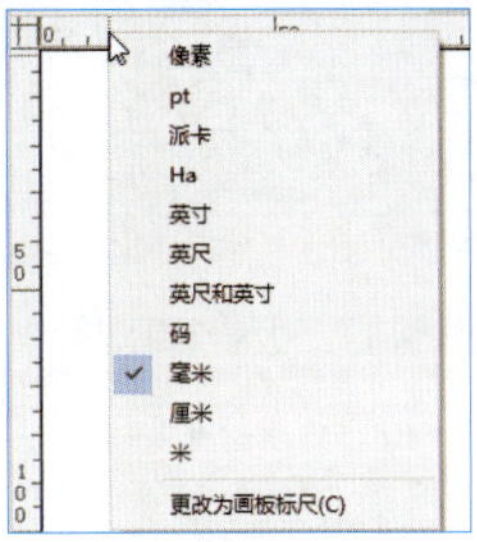

图2-10　设置标尺单位 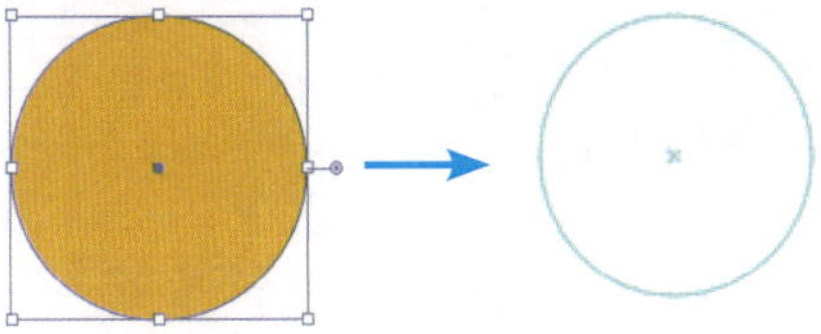　　　　图2-11　将路径转换为参考线 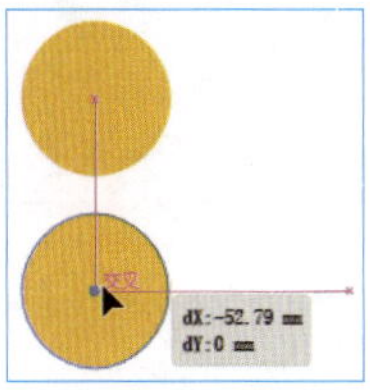　　　图2-12　利用智能参考线
对齐图形

（3）网格

选择【视图】/【显示网格】命令，或按【Ctrl+"】组合键，即可显示出网格。再次按【Ctrl+"】组合键可将显示的网格隐藏。选择【编辑】/【首选项】/【参考线和网格】命令，打开"首选项"对话框，在其中可以设置网格的颜色、样式、间隔等参数，如图2-13所示。

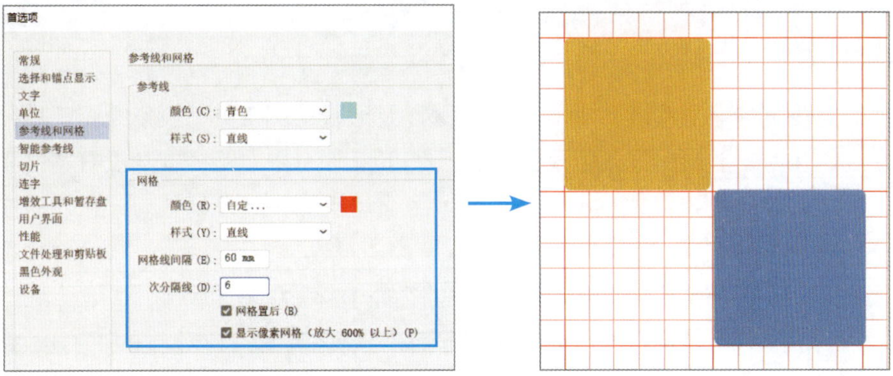

图2-13　"首选项"对话框中的网格设置

2.2　绘制图形

图形是图形创意设计的根本，Illustrator提供了多种工具和方式用于快速绘制几何图形、网格和复杂的不规则图形等。

2.2.1　基本绘图工具

Illustrator提供了3类基本绘图工具，可用于绘制线条、网格图形、形状图形等。

● 线条绘图工具。使用"直线段工具" ✏、"弧形工具" ◠、"螺旋线工具" ◉可分别绘制直线段、弧线、螺旋线。选择相应工具，从画板中某处拖曳鼠标到需要的位置后释放鼠标左键，即可绘制直线段、弧线、螺旋线，如图2-14所示。选择某个工具后在画板中单击，将打开相应工具选项对话框，可在其中设置详细参数，从而绘制更加精确的线条。

● **网格绘图工具。** 使用"矩形网格工具" ⊞ 、"极坐标网格工具" ◉ 可分别绘制矩形网格、椭圆形的极坐标网格，如图2-15所示。这些工具的使用方式与线条绘图工具相似。

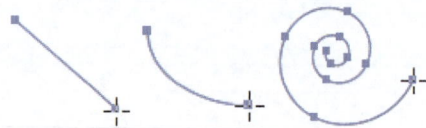

图2-14　绘制直线段、弧线、螺旋线　　　　图2-15　绘制矩形网格、极坐标网格

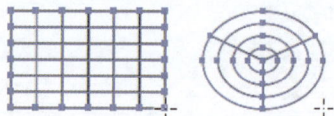

● **形状绘图工具。** 使用"矩形工具" □ 、"圆角矩形工具" □ 、"椭圆工具" ○ 、"多边形工具" ○ 、"星形工具" ☆ 和"光晕工具" ✦ 可以分别绘制矩形、圆角矩形、椭圆形、多边形、星形、光晕，如图2-16所示。这些工具的使用方式与线条绘图工具相似。

图2-16　绘制矩形、圆角矩形、椭圆形、多边形、星形、光晕

2.2.2　路径与锚点

路径是指使用铅笔工具组、"钢笔工具" ✐ 以及形状绘图工具、线条绘图工具绘制的直线段、弧线、几何图形或由线条组成的轮廓。在Illustrator中，路径本身没有宽度和颜色，在未被选中的状态下不可见，只有对路径设置了描边粗细和颜色属性后，它才能被看见。Illustrator中的路径主要有以下3种。

● **开放路径。** 开放路径的两端具有端点，路径处于断开状态。

● **闭合路径。** 闭合路径首尾相接，路径处于闭合状态。图2-17所示分别为开放路径与闭合路径。

● **复合路径。** 复合路径是将几个开放路径或闭合路径进行组合而形成的路径。选中多个路径，选择【对象】/【复合路径】/【建立】命令，或按【Ctrl+8】组合键，可以得到复合路径。选中复合路径，选择【对象】/【复合路径】/【释放】命令，或按【Alt+Shift+Ctrl+8】组合键，可以释放复合路径。

路径由锚点和线段组成，编辑锚点可以调整路径的形状。锚点有两种表现形式。在曲线上锚点表现为平滑锚点，选中锚点后，锚点上会出现控制线，控制线的角度和长度决定了曲线的形状；控制线的端点称为控制点，可以通过调整控制点来调整曲线。在直线段上锚点表现为尖角锚点，没有控制线。图2-18所示分别为平滑锚点与尖角锚点。

图2-17　开放路径与闭合路径　　　　图2-18　平滑锚点与尖角锚点

2.2.3 钢笔工具

"钢笔工具" 是用于精确绘图的关键工具，通过单击的方式可以绘制直线或折线；而需要绘制曲线时，可拖曳控制线来控制弧度，按【Enter】键结束绘制。在绘图过程中，可以通过"钢笔工具" 控制栏编辑锚点，如图2-19所示。

图2-19　"钢笔工具"的控制栏

- 将所选锚点转换为尖角 。单击该按钮，可将所选锚点转换为尖角锚点。
- 将所选锚点转换为平滑 。单击该按钮，可将所选锚点转换为平滑锚点。
- 显示多个选定锚点的手柄 /隐藏多个选定锚点的手柄 。单击对应按钮将显示或者隐藏多个选定锚点的控制线。
- 删除所选锚点 。单击该按钮，将删除所选锚点。
- 连接所选终点 。单击该按钮，将连接所选终点。
- 在所选锚点处剪切路径 。单击该按钮，路径将从所选锚点处被剪切为两个路径。

在使用"钢笔工具" 绘图的过程中，按【+】键可切换到钢笔工具组中的"添加锚点工具" ，单击路径可添加锚点；按【-】键可切换到"删除锚点工具" ，单击锚点可删除锚点；按【Shift+C】组合键可以切换到"锚点工具" ，单击锚点可转换锚点类型。

2.2.4 曲率工具

"曲率工具" 集路径创建、路径编辑等功能于一体。选择"曲率工具" ，在画板上单击以确定一个平滑锚点，继续单击以确定另一个锚点，此时移动鼠标指针，Illustrator会根据鼠标指针的悬停位置生成路径的预览形状，在合适的位置单击以确定生成路径；继续使用该方法进行绘制，回到起始锚点后，当鼠标指针呈 形状时单击，可闭合路径，如图2-20所示，按【Esc】键可以结束绘制。要创建尖角锚点，可以按住【Alt】键并单击，或直接双击。在绘制过程中，可自由拖曳锚点来调整路径形状，也可在现有的路径上单击以添加锚点。双击锚点可使锚点在平滑锚点和尖角锚点之间切换，选中锚点后按【Delete】键可删除相应锚点。

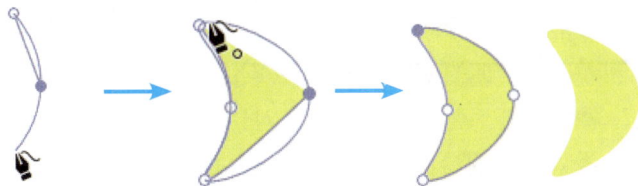

图2-20　使用"曲率工具"绘图

2.2.5 画笔工具组

画笔工具组中有"画笔工具" 和"斑点画笔工具" 。使用"画笔工具" 可以绘制出样式繁多的精美图形，还可以选用不同的笔刷样式以达到不同的绘制效果。选择"画笔工具"，在控制栏中设置描边色、描边粗细、变量宽度配置文件和画笔定义选项，在画板中拖曳鼠标，会沿着拖曳轨迹以对应的设置绘制图形，如图2-21所示。双击"画笔工具"，打开"画笔工具选项"对话框，如图2-22所示，可在其中设置画笔的参数，其中主要参数的介绍如下。

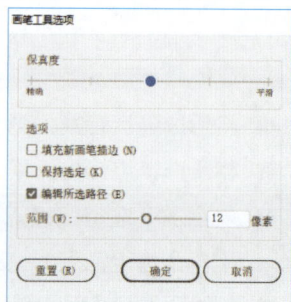

图2-21 绘制图形　　　　　　　　　　图2-22 "画笔工具选项"对话框

- **保真度**。"精确"用于调节绘制曲线的精确度，"平滑"用于调节绘制曲线的平滑度。
- **填充新画笔描边**。选中该复选框后，每次使用"画笔工具"绘制图形时，系统都会自动以默认颜色来填充图形。
- **保持选定**。若选中该复选框，绘制的曲线将处于被选取状态。
- **编辑所选路径**。若选中该复选框，使用"画笔工具"可编辑选中的路径。在"范围"数值框中可设置鼠标指针与现有路径在多远距离之内，才能使用"画笔工具"编辑路径。

"斑点画笔工具"与"画笔工具"的用法相似，但使用"画笔工具"绘制的图形只有描边效果、无填充效果，要想将描边效果转换为填充效果，需要选择【对象】/【扩展外观】命令。而使用"斑点画笔工具"可直接绘制具有填充效果的图形。

2.2.6 铅笔工具组

铅笔工具组中的工具主要用于绘制、擦除、连接、平滑路径，具体介绍如下。

- **"Shaper工具"**。选择"Shaper工具"，在画板上拖曳鼠标，绘制出一个粗略的几何图形，释放鼠标左键后，图形可自动转换为规则的几何图形，如图2-23所示。
- **"铅笔工具"**。该工具的使用方式与现实生活中铅笔的使用方式大致相同。双击"铅笔工具"将打开"铅笔工具选项"对话框，如图2-24所示，在其中可设置用"铅笔工具"绘图时的参数。在"保真度"栏中可设置线条的精确度或平滑度，线条越平滑，精确度越低。若选中"编辑所选路径"复选框，将启用"范围"数值框，将鼠标指针定位到需要重新绘制的路径上，当鼠标指针呈形状时可以修改原来的路径，"范围"数值决定了鼠标指针与当前路径在多远距离内时可使用"铅笔工具"编辑路径。

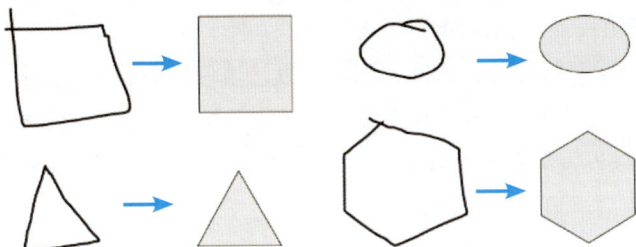

图2-23　使用"Shaper工具"绘制几何图形

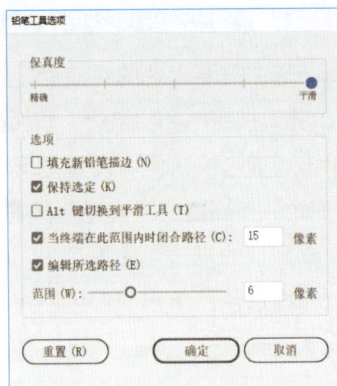

图2-24　"铅笔工具选项"对话框

- "平滑工具" 📝 。双击"平滑工具" 📝 ，打开"平滑工具选项"对话框，在其中设置"精确""平滑"参数后，单击 确定 按钮，选择并涂抹尖锐的路径，可使其更加平滑，如图2-25所示。

- "路径橡皮擦工具" ✎ 。选中路径，选择"路径橡皮擦工具" ✎ ，在需要擦除的路径或锚点上拖曳鼠标，可将其擦除，如图2-26所示。

图2-25　使用"平滑工具"平滑路径

图2-26　使用"路径橡皮擦工具"擦除路径

- "连接工具" ✐ 。选中路径，选择"连接工具" ✐ ，将鼠标指针移到一条路径的端点上，将其拖曳到另一条路径的端点上，释放鼠标左键，即可将两条路径连接为一条路径；在一条路径与另一条路径的相交处涂抹可将多余路径删除，如图2-27所示。

图2-27　使用"连接工具"连接路径和删除多余路径

2.2.7　图形上色

Illustrator提供了多种与色彩相关的面板、工具、命令，熟悉这些面板、工具、命令，不仅可以快速为图形上色，还能搭配出协调的色彩方案。

1. 通过按钮和对话框上色

选中需要上色的对象后，在控制栏中、"属性"面板的"外观"栏中、工具箱底部都存在"填充"按钮□和"描边"按钮■，在按钮上双击，都将打开"拾色器"对话框，设置颜色后，单击 ⚫确定 按钮便可设置图形的填充色或描边色，如图2-28所示。另外，在工具箱底部单击"描边"按钮■或"填充"按钮□可以更改按钮叠放顺序，单击"默认填色和描边"按钮□可恢复默认的描边色（黑色）、填充色（白色），单击"互换填色和描边"按钮↖可以交换填充色和描边色，单击"颜色"按钮□可以设置纯色填充或描边，单击"渐变"按钮■可以设置渐变填充或描边，单击"无"按钮☑可以取消填充或描边。

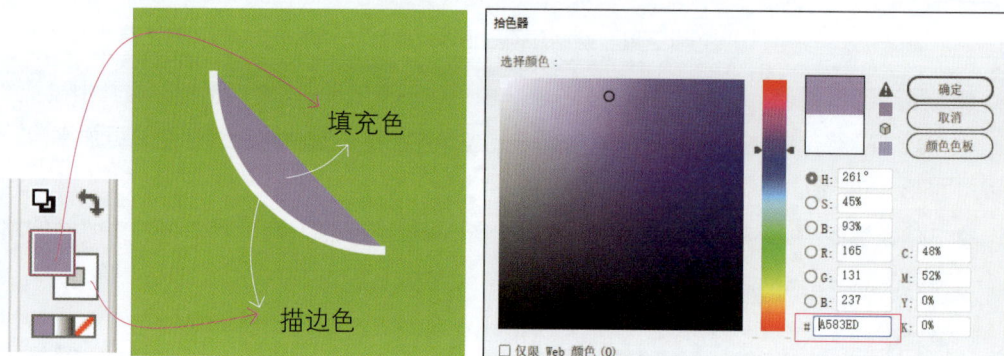

图2-28　通过按钮和对话框设置颜色

2. 通过工具上色

使用"吸管工具"▨可以吸取描边色、填充色、文字属性、位图的颜色。选中需要上色的对象，选择"吸管工具"▨，将鼠标指针移动到目标对象上，单击即可吸取目标属性到所选对象上，如图2-29所示。若需要单独吸取填充色或描边色，需要先在工具箱中单击▨按钮切换填充色和描边色，再按住【Shift】键并单击。

使用"渐变工具"■能随意设置渐变颜色的起点、终点、角度。选择"渐变工具"■，在控制栏中单击相应按钮设置渐变类型，在图形上单击并拖曳，图形上将出现渐变条，如图2-30所示。双击渐变条上的渐变色标，可在打开的面板中设置颜色、位置、不透明度等参数。

图2-29　使用"吸管工具"吸取目标属性

图2-30　渐变条

3. 通过面板上色

选中需要上色的对象后，还可使用Illustrator提供的面板进行上色。

- "颜色"面板。选择【窗口】/【颜色】命令，打开"颜色"面板，如图2-31所示，将鼠标指针移动到取色区域，鼠标指针会变为 🖋 形状，单击就可以选取颜色。
- "色板"面板。选择【窗口】/【色板】命令，打开"色板"面板，如图2-32所示，其中有多种填充色和图案。选择需要填充的图形，单击"色板"面板左上角的填充或描边按钮，再单击需要选择的色块即可为选择的图形设置填充色或描边色。
- "渐变"面板。选择【窗口】/【渐变】命令，打开"渐变"面板，如图2-33所示，在其中可以设置渐变类型、渐变角度、描边、渐变位置等。另外，双击渐变条下方的色标，可在打开的面板中设置相应色标的颜色。

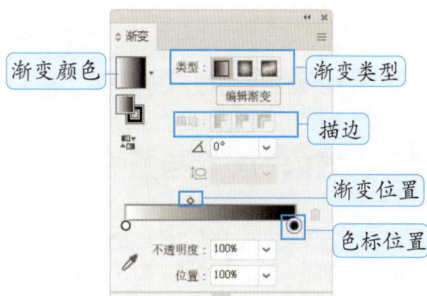

图2-31　"颜色"面板　　　图2-32　"色板"面板　　　图2-33　"渐变"面板

2.3　管理对象

在Illustrator中可将画板中的所有内容统称为对象，在制作复杂或大型设计作品时，往往要用到大量对象，对这些对象进行管理可以使设计工作更加得心应手。

2.3.1 "图层"面板

图层可以看作许多张叠放在一起的、大小相同的透明画纸，所有画纸上的图形都将叠加显示出来，形成完整画面。将不同类型的对象放置在不同的图层上，可以有序地管理这些对象。选择【窗口】/【图层】命令或按【F7】键，可打开"图层"面板，其中主要选项的作用如图2-34所示。

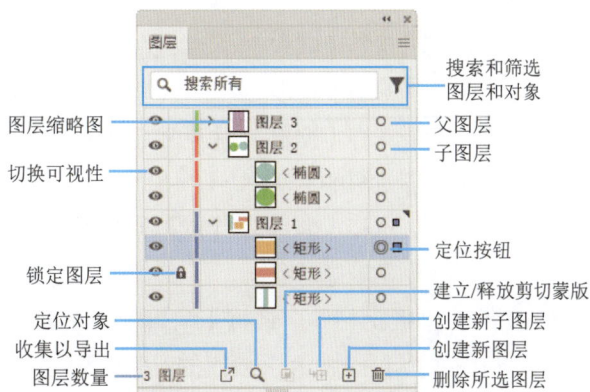

图2-34　"图层"面板

2.3.2 对象的选取

编辑对象前要选取对象。在Illustrator中，选取对象的常用方式有以下两种。

● 通过工具选取对象。使用"选择工具" ▶ 可选取整个对象；使用"直接选择工具" ▷
可选取路径上的锚点或线条；使用"编组选择工
具" ▷ 可选取组合对象中的某个对象；使用"魔
棒工具" ✦ 可选取具有相近描边或填充属性的所
有对象，双击"魔棒工具" ✦，打开"魔棒"对
话框，选中相应的复选框，可以同时选中有对应
属性的对象；使用"套索工具" ◉ 可绘制套索圈
来选取其中的所有锚点或线条。

● 通过命令选取对象。Illustrator提供"选择"菜
单，如图2-35所示，选择其中的命令或使用对应
的快捷键可以实现相应的选取效果。

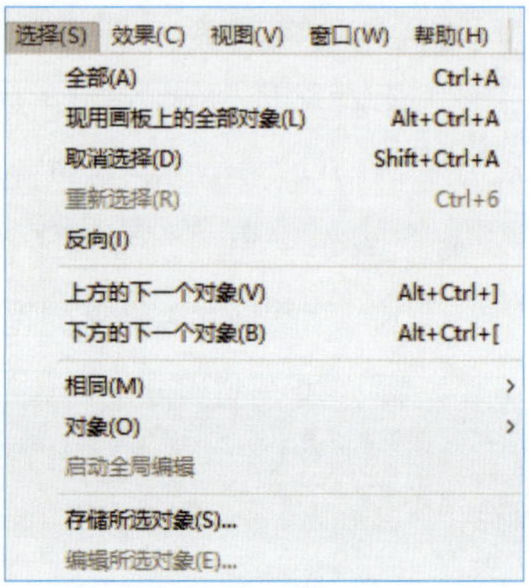

选择(S) 效果(C) 视图(V) 窗口(W) 帮助(H)	
全部(A)	Ctrl+A
现用画板上的全部对象(L)	Alt+Ctrl+A
取消选择(D)	Shift+Ctrl+A
重新选择(R)	Ctrl+6
反向(I)	
上方的下一个对象(V)	Alt+Ctrl+]
下方的下一个对象(B)	Alt+Ctrl+[
相同(M)	▶
对象(O)	▶
启动全局编辑	
存储所选对象(S)...	
编辑所选对象(E)...	

图2-35 "选择"菜单

2.3.3 对象的复制与删除

进行图形创意设计时，若需要很多相同对象，则在得到一个对象后，可考虑进行复制操作，
以提高工作效率。而对于不需要的对象，可将其删除。

1. 复制对象

先使用"选择工具" ▶ 选取对象，然后按住【Alt】键并拖曳对象到目标位置，释放鼠标
左键，在目标位置可以得到复制的对象。多次按【Ctrl+D】组合键重复进行复制操作，可按
照相同的间距复制对象。

上述方法是使用较多的复制对象的方法。此外，Illustrator还提供了多种方式，用于精确
复制对象。选择对象，选择【编辑】/【复制】命令或按【Ctrl+C】组合键后，通过以下方式
可以粘贴对象。

● 随意粘贴。选择【编辑】/【粘贴】命令，或按【Ctrl+V】组合键，将粘贴出一个新
的对象。

● 贴在上层。选择【编辑】/【贴在前面】命令，或按【Ctrl+F】组合键，可将复制的对
象粘贴到原对象的上层。

● 贴在下层。选择【编辑】/【贴在后面】命令，或按【Ctrl+B】组合键，可将复制的对
象粘贴到原对象的下层。

● 就地粘贴。选择【编辑】/【就地粘贴】命令，或按【Ctrl+Shift+V】组合键，可将复
制的对象粘贴到原对象上。

● 在所有画板上粘贴。选择【编辑】/【在所有画板上粘贴】命令，或按【Alt+Ctrl+
Shift+V】组合键，可将复制的对象粘贴到所有画板上。

2. 删除对象

选择【编辑】/【剪切】命令，或按【Ctrl+X】组合键，可将选择的对象从当前位置删除

并移入剪贴板中，执行粘贴操作可使其重新出现在画板中。当需删除的对象不需要重新出现在画板中时，可在选择对象后选择【编辑】/【清除】命令，或按【Delete】键，直接将其删除。

2.3.4 对象的变换操作

在绘制图形时，经常需要对部分对象进行移动、旋转、镜像等变换操作。Illustrator提供了多种用于变换对象的方法，比较常用的是通过"变换"面板或者"变换"命令来操作。

- 使用"变换"面板。选择对象后，选择【窗口】/【变换】命令，或按【Shift+F8】组合键打开"变换"面板，其中主要选项的作用如图2-36所示。需注意的是，根据所选对象的不同，"变换"面板中的选项也会有所变化。
- 使用"变换"命令。选择对象后，选择【对象】/【变换】命令（或直接在对象上单击鼠标右键，在弹出的快捷菜单中选择"变换"命令），在弹出的子菜单中任意选择一种变换命令可打开相应的对话框，如图2-37所示，在对话框中设置参数后单击 确定 按钮可变换对象，单击 复制(C) 按钮可以复制出一个变换后的对象。

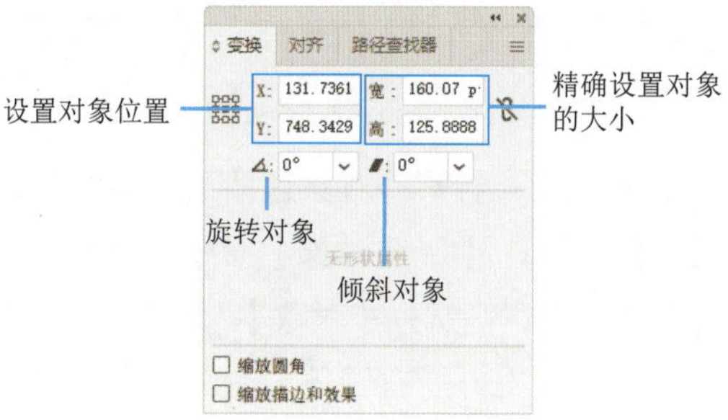

图2-36　"变换"面板

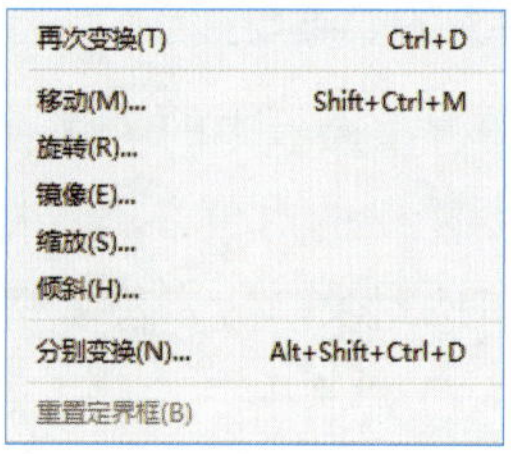

图2-37　变换命令

2.3.5 对象的分布与对齐

使用"对齐"面板可以快速、有效地对齐和分布多个图形。选择【窗口】/【对齐】命令，打开"对齐"面板，如图2-38所示。单击相应按钮可实现相应的对齐与分布操作。

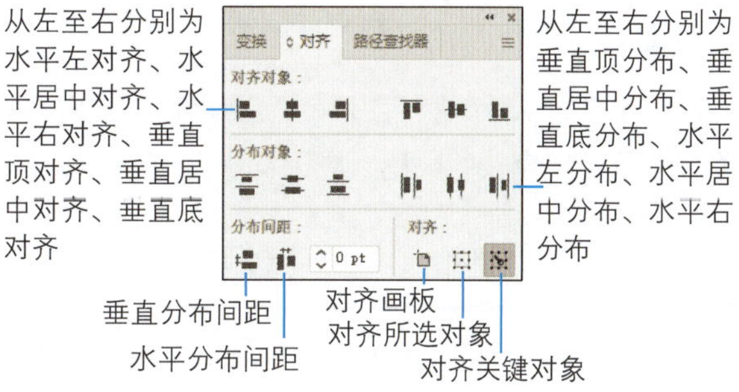

若要精确设置多个对象间的距离，需要先选取这些对象，然后在被选取对象中的任意一个对象上单击，将其作为其他所选对象进行分布时的参照，接着在"对齐"面板的"分布间距"栏的数值框中设置分布对象的间隔距离。

从左至右分别为水平左对齐、水平居中对齐、水平右对齐、垂直顶对齐、垂直居中对齐、垂直底对齐

从左至右分别为垂直顶分布、垂直居中分布、垂直底分布、水平左分布、水平居中分布、水平右分布

垂直分布间距　水平分布间距　对齐画板　对齐所选对象　对齐关键对象

图2-38　"对齐"面板

2.3.6 对象的编组、锁定与隐藏

在Illustrator中，可以将多个相关联的对象组成一个整体，以便管理和选择；也可以将暂

时不需要的对象锁定或隐藏起来，以免影响对其他对象的操作。

1. 对象的编组与解编

选择要编组的对象，选择【对象】/【编组】命令或按【Ctrl+G】组合键，可将选择的对象编组。编组对象后，选择其中的任意对象，其他对象也会同时被选择。选择对象后，选择【对象】/【取消编组】命令，或按【Shift+Ctrl+G】组合键可取消编组。当设计作品中的对象数量较多时，可分类、分级地多次编组。取消编组时，一次只能取消一个编组。

2. 对象的锁定与解锁

选择要锁定的对象，选择【对象】/【锁定】/【所选对象】命令或按【Ctrl+2】组合键，可以锁定所选对象。锁定对象后，无法对对象进行选择、移动等操作，要对其进行操作，需要选择【对象】/【全部解锁对象】命令或按【Alt+Ctrl+2】组合键解锁对象。选择【对象】/【锁定】/【上方所有图稿】命令，可锁定对象上层的所有对象。选择【对象】/【锁定】/【其他图层】命令，可锁定除所选对象所在图层以外的其他图层。

直接在锁定的对象上单击鼠标右键，在弹出的快捷菜单中选择"解锁"命令，再在弹出的子菜单中选择相应的命令，也可以解锁对象。

3. 对象的隐藏与显示

默认情况下画板中的所有对象都处于显示状态，若某些对象遮挡了其他对象，应将其隐藏。选择要隐藏的对象，再选择【对象】/【隐藏】/【所选对象】命令或按【Ctrl+3】组合键，可将所选对象隐藏。若要显示所有隐藏的对象，则选择【对象】/【显示全部】命令或按【Alt+Ctrl+3】组合键。选择【对象】/【隐藏】/【上方所有图稿】命令可以隐藏对象上层的所有对象，选择【对象】/【锁定】/【其他图层】命令可以隐藏除所选对象所在图层以外的其他图层。

2.4 应用文字、图表与符号

使用Illustrator进行图形创意设计时，应用文字可以直观、高效地传递信息，应用图表可以直观地展现复杂的数据，应用符号则可以快速完成矢量图标的绘制。

2.4.1 文字工具组

Illustrator提供了文字工具组用于创建横排或直排的点文字、区域文字、路径文字等，还可在其控制栏中设置字体、字号、颜色等参数，具体介绍如下。

● "文字工具" **T**。选择该工具，单击插入定位点后可输入横排点文字（是指单击插入文字定位点后，从该点开始输入的文字，且输入的文字不会自动换行）。拖曳鼠标可以绘制区域文字框，在其中输入文字可以形成区域文字（又称段落文字，是指在文字框中输入的可自动换行的文字，且文字框的大小可调整）。选中区域文字框，在区域文字框右侧的实心圆点 上双击，可将区域文字转换为点文字；在点文字框右侧的空心圆点 上双击，可将点文字转换为区域文字。

- "区域文字工具" ⬚。选择该工具，将鼠标指针移动到图形内部，当鼠标指针呈 ⓘ 或 ⓘ 形状时单击，图形的填充和描边属性将被取消，在其中输入文字，可形成区域文字，如图2-39所示。
- "路径文字工具" ✎。选择该工具，将鼠标指针移动到路径上，当鼠标指针呈 ⌇ 形状时单击，输入需要的文字，文字将沿着路径排列，如图2-40所示，且原路径将不再有填充和描边属性。

> **操作小贴士**
>
> 　　选择路径文字，双击"路径文字工具" ✎，打开"路径文字选项"对话框，可在其中设置路径文字的排列效果、基于路径的对齐方式及间距等参数。使用"直接选择工具" ▷ 选择路径文字，沿路径外侧拖曳蓝色"I"形符号，可沿路径移动文字；沿路径内侧拖曳蓝色"I"形符号，可将文字调整到路径内侧。

- "直排文字工具" ⬚。选择该工具，单击后可输入竖排点文字，如图2-41所示，绘制区域文字框后可以创建竖排区域文字。选择文字，选择【文字】/【文字方向】子菜单中的命令可实现竖排文字和横排文字的相互转换。

图2-39　区域文字	图2-40　路径文字	图2-41　竖排点文字

- "直排区域文字工具" ⬚。选择该工具，在图形内单击可输入竖排区域文字。
- "直排路径文字工具" ✎。选择该工具，在路径上单击可输入竖排路径文字。
- "修饰文字工具" ⬚。该工具用于编辑一串文字中的单个文字。使用该工具选中某个文字，在控制栏中可以更改文字的字体、大小、颜色等。拖曳文字四角的空心圆点可以调整文字大小；拖曳右上角的实心圆点，可以调整文字的基线偏移；拖曳正上方的空心圆点，可旋转文字，如图2-42所示。

图2-42　修饰文字

2.4.2 图表工具

Illustrator提供的多种图表工具可用于创建不同类型的图表，以更好地展现复杂的数据，具体介绍如下。

- "柱形图工具" 📊。使用该工具创建的图表使用竖排的、高度可变的矩形来代表数据的大小，矩形的高度与数据大小成正比，如图2-43所示。
- "堆积柱形图工具" 📊。使用该工具可以创建类似于柱形图的图表。柱形图多用于比较单一的数据，而堆积柱形图将比较的数据叠加在一起，用于比较数据的总和，如图2-44所示。

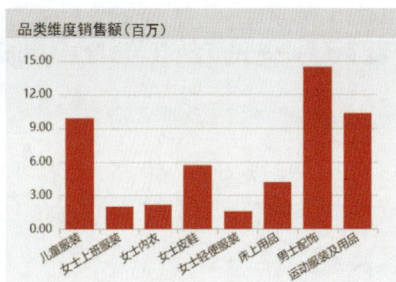

图2-43　柱形图

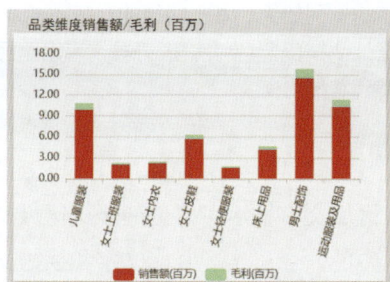

图2-44　堆积柱形图

- "条形图工具" 📊。使用该工具可以创建与柱形图本质一样的图表，这类图表使用长度可变的横向矩形来代表数据的大小，如图2-45所示。
- "堆积条形图工具" 📊。使用该工具可以创建与条形图类似的图表，但堆积条形图将比较的数据叠加在一起，以比较数据的总和，如图2-46所示。该工具与"堆积柱形图工具" 📊类似。

图2-45　条形图

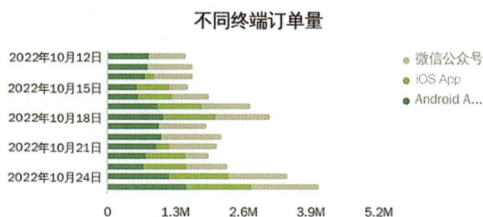

图2-46　堆积条形图

- "折线图工具" 📈。使用该工具创建的图表用折线连接数据点，以表示一组或者多组数据，并通过折线的走势表现数据的变化趋势，如图2-47所示。
- "面积图工具" 📈。使用该工具可以创建与折线图类似的图表，只是在折线与水平坐标之间的区域填充不同颜色，以便比较整体数据上的变化，如图2-48所示。
- "散点图工具" 📊。使用该工具创建的图表以x轴和y轴为数据坐标轴，两组数据的交叉点形成了坐标点。散点图可以反映数据的变化趋势，如图2-49所示。
- "饼图工具" 🥧。使用该工具创建的图表整体显示为一个圆，每组数据按照各自在整体中所占的比例，以不同颜色的扇形区域显示，如图2-50所示。

- "雷达图工具" ⊚。使用该工具可以创建以不规则多边形形式显示各组数据对比情况的图表，如图2-51所示。雷达图和其他图表不同，它常用作科学研究中的资料表现形式。

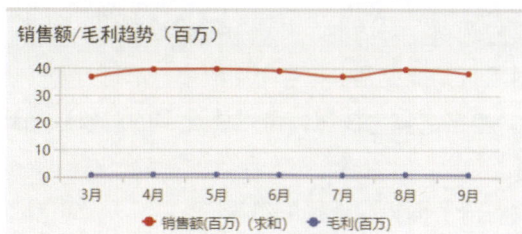

图2-47　折线图

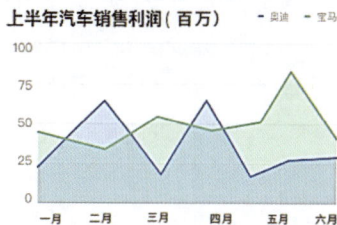

图2-48　面积图

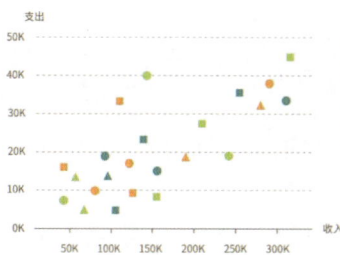

图2-49　散点图

图2-50　饼图

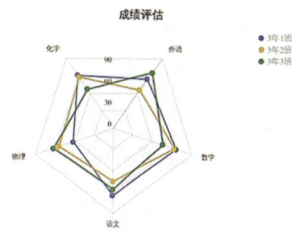

图2-51　雷达图

操作小贴士

在Illustrator中创建的图表默认为黑白灰效果。为满足设计需要，设计人员可以美化图表。使用"直接选择工具" ▷选中图表中的图形，可以设置填充、描边等属性来美化图表，也可以变换图形大小、外观等；若选中文字，则可以设置字体、字号等文字属性。

2.4.3　"符号"面板与符号工具组

Illustrator提供的"符号"面板和符号工具组专门用于创建、存储和编辑符号（即常用的图形元素）。

1. "符号"面板

选择【窗口】/【符号】命令，打开"符号"面板，在"符号"面板中选中符号，直接将其拖曳到当前画板中，可得到相应符号实例，如图2-52所示。使用"符号"面板还

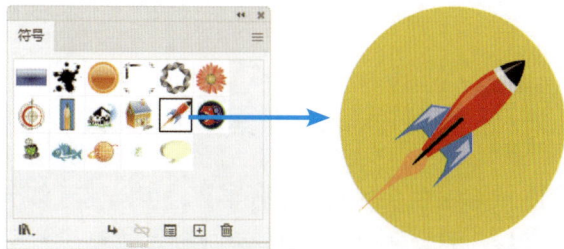

图2-52　使用"符号"面板创建图形

可以编辑符号。"符号"面板中常用的按钮的作用介绍如下。

- 符号库菜单 🗈。Illustrator将符号按类型存放在符号库中，单击该按钮，在弹出的菜单中可选择所需的符号库。
- 置入符号实例 ↳ 。单击该按钮，可将当前选中的符号实例放置在画板的中心。
- 断开符号链接 ⊗。单击该按钮，可将添加到画板中的符号实例与"符号"面板断开链接。
- 符号选项 🗏。单击该按钮，可以打开"符号选项"对话框，并进行符号设置。
- 新建符号 🖽。单击该按钮，或将选中的对象直接拖曳到"符号"面板中，都可打开"符号选项"对话框。在其中设置相关参数，单击 ⟨ 确定 ⟩ 按钮，可以将选中的对象添加到"符号"面板中作为符号，以便后续使用。
- 删除符号 🗑。单击该按钮，可以删除在"符号"面板中选择的符号。

2. 符号工具组

在工具箱的"符号喷枪工具" 🗈 上按住鼠标左键，可展开符号工具组，其中的工具可用于创建和编辑符号，具体介绍如下。

- "符号喷枪工具" 🗈。该工具用于在短时间内快速向画板置入大量符号，这些符号处于编组状态，形成符号集。选择该工具后，可以多次单击以创建符号集，也可拖曳鼠标来创建符号集。绘图前可双击该工具，打开"符号工具选项"对话框，在其中设置笔刷的直径、方法、强度、符号组密度等参数。
- "符号移位器工具" 🗈。选择该工具后，在符号集的符号实例上拖曳鼠标，可以移动符号实例。
- "符号紧缩器工具" 🗈。选择该工具后，在符号实例上拖曳鼠标，可以缩紧变形符号实例。
- "符号缩放器工具" 🗈。选择该工具后，在符号实例上拖曳鼠标，可以放大符号实例。按住【Alt】键拖曳鼠标可以缩小符号实例。
- "符号旋转器工具" 🗈。选择该工具后，在符号实例上拖曳鼠标，可以旋转符号实例。
- "符号着色器工具" 🗈。选择该工具后，在"色板"面板或"颜色"面板中设定一种颜色作为填充色，在符号实例上单击，可以为符号实例设置填充色。
- "符号滤色器工具" 🗈。选择该工具后，在符号实例上拖曳鼠标，可以提高符号实例的不透明度。按住【Alt】键进行操作，可以降低符号实例的不透明度。
- "符号样式器工具" 🗈。选择该工具后，在"图形样式"面板中选择一种图形样式，在符号实例上单击，可以将选中的图形样式应用到符号实例中。

2.5 制作特殊效果

Illustrator的艺术效果十分丰富，可以使对象产生形态上的变换，也可以使对象在外观上呈现特殊的效果。这有助于合成创意效果，提升图形设计作品的设计感，制作出丰富的质感。

2.5.1 "图形样式"面板

图形样式是指可反复使用的外观属性。使用图形样式可以快速更改对象的外观，从而提高工作效率。选中对象，选择【窗口】/【图形样式】命令，打开"图形样式"面板，在其中选择图形样式可将其应用到所选对象上，如图2-53所示。"图形样式"面板中的各按钮介绍如下。

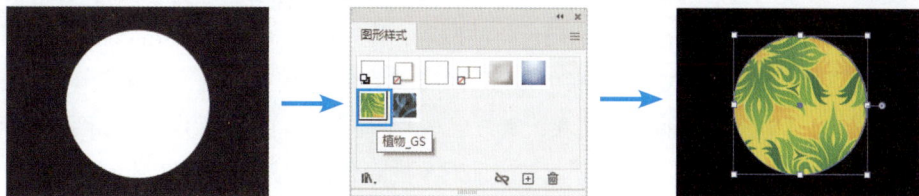

图2-53　应用图形样式

- 图形样式库菜单 🔖。图形样式库是一组预设的图形样式的集合。单击该按钮，在弹出的菜单中选择命令，可以打开对应的图形样式库面板。
- 断开图形样式链接 🔗。单击该按钮，可断开应用的图形样式与"图形样式"面板中的图形样式的链接。断开链接后，可修改应用的图形样式，而"图形样式"面板中的图形样式不受影响。
- 新建图形样式 ⊞。单击该按钮，可将当前选择的图形样式添加到"图形样式"面板中。
- 删除图形样式 🗑。单击该按钮，可将当前选择的图形样式从"图形样式"面板中删除。

2.5.2 不透明度与混合模式

调整不透明度可改变图形的通透感，调整混合模式可改变图形的视觉观感，综合运用二者可以让堆叠的对象产生混合和叠加等效果，有助于合成创意效果。

1. 不透明度

不透明度为100%代表完全不透明，50%代表半透明，0%代表完全透明。在默认情况下，对象的不透明度为100%。选择对象后，选择【窗口】/【透明度】命令，或按【Shift+Ctrl+F10】组合键打开"透明度"面板，如图2-54所示，在"不透明度"数值框中输入相应的数值可设置对象的不透明度。图2-55所示为同一对象不透明度为100%和50%时的对比效果。

图2-54　"透明度"面板

图2-55　不透明度为100%和50%时的对比效果

2. 混合模式

为相同对象应用不同的混合模式会得到不同的视觉观感。选择一个或多个对象，单击"透明度"面板中的"混合模式"下拉按钮，在弹出的下拉列表中选择一种混合模式，可为所选对象添加相应模式的混合效果。Illustrator的"透明度"面板提供了16种混合模式。

- **正常**。该模式为默认应用的模式，对象的不透明度为100%时完全遮盖其下方的对象。
- **变暗**。在混合过程中对比底层对象的颜色和当前对象的颜色，使用较暗的颜色作为结果色，比当前对象的颜色亮的颜色将被取代，比当前对象的颜色暗的颜色保持不变。
- **正片叠底**。将当前对象中的深色和底层对象中的深色相互混合，结果色（混合后得到的颜色）通常比原来的颜色更深，其效果与"变暗"模式的效果类似，如图2-56所示。
- **颜色加深**。对比底层对象的颜色与当前对象的颜色，使其以低明度显示。
- **变亮**。对比底层对象的颜色和当前对象的颜色，使用较亮的颜色作为结果色，比当前对象的颜色暗的颜色被取代，比当前对象的颜色亮的颜色保持不变。
- **滤色**。将当前对象的明亮颜色与底层对象的明亮颜色相互融合，其效果通常比原来更亮，如图2-57所示。
- **颜色减淡**。在底层对象与当前对象中选择明度更高的颜色来显示混合效果。
- **叠加**。用混合色（选定对象、组或图层的原始色彩）显示对象，并保持底层对象的明暗对比效果，如图2-58所示。
- **柔光**。当混合色的灰度大于50%时，对象变亮；当混合色的灰度小于50%时，对象变暗。
- **强光**。该模式的效果与"柔光"模式的效果相反。当混合色的灰度大于50%时，对象变暗；当混合色的灰度小于50%时，对象变亮。
- **差值**。用混合色中较亮颜色的亮度减去较暗颜色的亮度，如果当前对象的颜色为白色，则使底层对象呈现出反相效果，与黑色混合时效果保持不变。
- **排除**。该模式的效果与"差值"模式的效果相似，只是更柔和。
- **色相**。混合后的亮度和饱和度由底层对象决定，色相由当前对象决定。
- **饱和度**。混合后的亮度和色相由底层对象决定，饱和度由当前对象决定。
- **混色**。混合后的亮度由底层对象决定，色相和饱和度由当前对象决定。
- **明度**。该模式的效果与"混色"模式的效果相反，混合后的色相和饱和度由底层对象决定，亮度由当前对象决定，如图2-59所示。

图2-56　正片叠底　　　　图2-57　滤色　　　　图2-58　叠加　　　　图2-59　明度

2.5.3 剪切蒙版与不透明度蒙版

蒙版主要用于以指定的形状遮盖其他图形，使图形按照指定的形状显示。在Illustrator中可以创建两种蒙版，分别是剪切蒙版和不透明度蒙版。

1. 剪切蒙版

将一个对象作为蒙版后，该对象将变得完全透明，只保留其形状覆盖范围内的下方内容，同时形状之外的内容不显示。在需要创建剪切蒙版的内容上方绘制一个图形对象作为蒙版，将蒙版移动到内容上层，使用"选择工具" ▶ 同时选中内容和蒙版，选择【对象】/【剪切蒙版】/【建立】命令，或按【Ctrl+7】组合键，制作出蒙版效果，内容将在蒙版内部显示，超出蒙版的部分则被隐藏。图2-60所示为使用圆形对象作为蒙版的效果，圆外部的区域被隐藏。按【Alt+Ctrl+7】组合键可释放剪切蒙版。

图2-60　剪切蒙版效果

2. 不透明度蒙版

选择需要创建不透明度蒙版的内容，在其上绘制图形，同时选择内容和绘制的图形，在"透明度"面板中单击 制作蒙版 按钮，可创建不透明度蒙版，此时"透明度"面板中左侧为内容缩略图，右侧为蒙版缩略图，如图2-61所示。若在面板中选中"剪切"复选框，可同时创建剪切蒙版，如图2-62所示。按住【Shift】键并单击蒙版缩略图，可以停用或启用蒙版。若蒙版为黑色，表示其中的内容将被隐藏；若蒙版为白色，表示其中的内容将显示出来；若蒙版为灰色，表示其中的内容将呈半透明显示。

图2-61　创建不透明度蒙版　　　　　图2-62　选中"剪切"复选框

2.5.4　"效果"菜单

Illustrator的"效果"菜单中提供了多个效果组，如图2-63所示，应用其中的效果可以使对象产生形态上的变换，或者在外观上呈现特殊的纹理和质感。部分效果组介绍如下。

- "3D和材质"效果组。该效果组用于将二维（2D）对象转换为三维（3D）对象，可以添加打光、投影和材质等属性，使对象更加立体。
- "SVG滤镜"效果组。该效果组是一种综合的效果组，利用该效果组可为对象填充各种纹理，也可进行模糊、阴影等设置。

● "变形"效果组。该效果组用于对所选对象进行各种弯曲或变形操作。

● "扭曲和变换"效果组。该效果组用于改变图形的形状、方向和位置，从而创建出扭曲、收缩、膨胀、粗糙和锯齿等效果。

● "风格化"效果组。该效果组用于使对象产生颇具风格的特殊效果，如投影、外发光、羽化等。

● "效果画廊"效果组。该效果组实质上是滤镜库，用于快速进行滤镜的设置、叠加与切换，包括风格化、画笔描边、扭曲、素描、纹理、艺术效果等滤镜效果。

● "像素化"效果组。该效果组用许多小块来组成所选的对象，使其产生像素化的颗粒效果。

图2-63　"效果"菜单

● "模糊"效果组。该效果组用于处理对象中过于清晰和对比过于强烈的区域，通常用于模糊背景和创建柔和的阴影。

● "画笔描边"效果组。该效果组用于模拟使用不同类型的画笔和油墨产生的绘画效果。

● "素描"效果组。该效果组用于模拟素描和速写等效果。

● "纹理"效果组。该效果组用于使对象产生各种纹理效果，包含拼缀图、龟裂缝、染色玻璃、颗粒、马赛克拼贴等效果。

● "艺术效果"效果组。该效果组用于使对象产生不同的绘画效果，包含壁画、木刻、水彩、涂抹棒、粗糙蜡笔等效果。

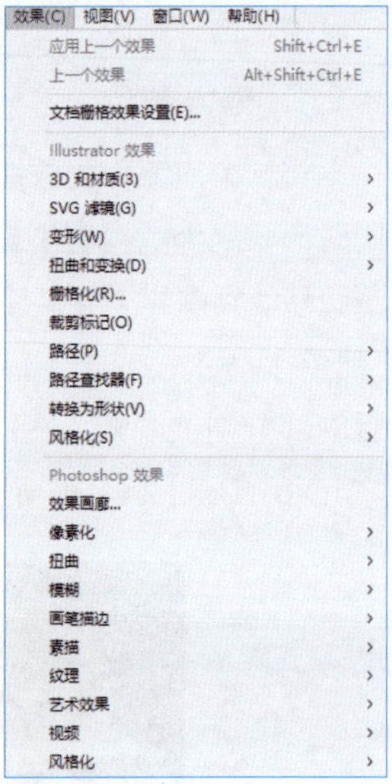

2.6　课后练习

1. 填空题

（1）Illustrator工作界面主要由菜单栏、_____、标题栏、_____、_____、状态栏、工具箱和各种面板组成。

（2）按_____组合键可编组对象，按_____组合键可创建剪切蒙版。

（3）使用_____可输入竖排点文字，使用_____可编辑一串文字中的单个文字。

（4）若蒙版为_____色，表示其中的内容将被隐藏；若蒙版为_____色，表示其中的内容将显示出来；若蒙版为_____色，表示其中的内容将呈半透明显示。

2. 选择题

（1）【单选】使用（　　）在一条路径与另一条路径的相交处涂抹，可将多余路径删除。

A. 路径擦除工具　　　B. 连接工具　　　　C. 平滑工具　　　　D. 交点工具

（2）【单选】在拖曳对象的过程中按住（　　）键，可以高效地复制所拖曳的对象。

A.【Ctrl】　　　　　　B.【Alt】　　　　　C.【Shift】　　　　D.【Ctrl+C】

（3）【多选】Illustrator提供了3类基本绘图工具，包括（　　）。

A. 线条绘图工具　　　B. 网格绘图工具　　　C. 表格绘图工具　　　D. 形状绘图工具

（4）【多选】在Illustrator中可以运用（　　）为图形上色。

A. "渐变"面板　　　B. 渐变工具　　　C. 吸管工具　　　D. "色板"面板

3. 操作题

（1）使用提供的素材，通过文件的新建、置入、关闭等操作，设计一张"立夏"节气海报，要求海报宽度为1242px、高度为2208px，参考效果如图2-64所示。

图2-64　"立夏"节气海报

（2）打开提供的素材文件排版小狗图标，通过创建参考线，选择、移动并对齐图形等操作，使整体视觉效果规整、美观，参考效果如图2-65所示。

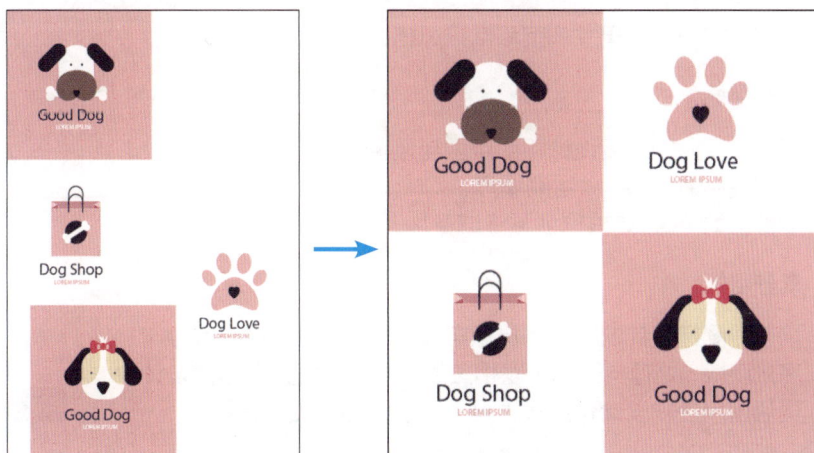

图2-65　小狗图标排版效果

Ai

图标设计

广义的图标涵盖从简单的指示符号，到复杂的品牌图标和功能性按钮的各种图形表现，在日常生活和数字世界中扮演着导航者与信息传递者的重要角色。作为视觉语言精练的结晶，图标具有简洁明了的形态，能通过有限的形态传递无限的信息与情感。要创造出美观且实用的图标，需要设计人员从主题定位到概念构思，从造型塑造到色彩与风格的选择，全方位进行考量并精心打磨。

学习目标

▶ **知识目标**

◎ 掌握图标的类型。
◎ 掌握图标设计的尺寸规范和常见风格。

▶ **技能目标**

◎ 能够从专业的角度设计不同类型与风格的图标。
◎ 能够使用 Illustrator 绘制图标。
◎ 能够借助 AI 工具根据创意生成各种图标。

▶ **素养目标**

◎ 培养对图标设计的兴趣，具备丰富的想象力和创意思维。
◎ 高效获取、处理与图标主题相关的信息，并落实在图标设计中。
◎ 灵活运用各种设计资源和工具，持续学习、提升自我。

学习引导

STEP 1 相关知识学习   建议学时：___1___ 学时

课前预习
1. 扫码了解图标的概念、作用和制作工艺，建立对图标设计的基本认识。
2. 在网络上搜索并欣赏不同风格的图标设计案例，提升对图标的审美能力。

课前预习

电子书

课堂讲解
1. 图标的类型。
2. 图标设计的尺寸规范和常见风格。

重点难点
1. 学习重点：产品图标、功能图标、装饰图标，网站、App、印刷品、商品包装中图标的常见尺寸。
2. 学习难点：拟物风格、扁平风格、3D风格、渐变风格、线面结合风格。

STEP 2 案例实践操作   建议学时：___3___ 学时

实战案例
1. 设计音乐App金刚区图标。
2. 设计糖果屋品牌标志。
3. 设计相机应用程序图标。

操作要点
1. 形状绘图工具、路径查找器。
2. 线条绘图工具、描边对象、镜像对象。
3. 网络绘图工具、色板库。

案例欣赏

STEP 3 技能巩固与提升   建议学时：___3___ 学时

拓展训练
1. 设计鲜花店店铺标志。
2. 设计纯棉标签图标。
3. 设计水果图标。

AI 辅助设计
1. 使用神采PromeAI设计一组食物图标。
2. 使用Pixso AI生成不同风格的图标。

课后练习 通过练习题巩固行业知识，提升设计能力与实操能力。

3.1 行业知识：图标设计基础

图标是具有指代意义的图形符号，具有高度浓缩、快速传达信息、便于记忆等特性。随着人们对审美、时尚、趣味的不断追求，图标的类型和设计风格也在不断丰富。设计人员要想设计出成功的图标，需要深入理解图标的主题和目标受众，明确传达的信息，同时遵循简洁性、有辨识度的设计原则，遵守不同应用场景下图标设计的尺寸规范，确保图标既美观又实用。

3.1.1 图标的类型

图标可被视为具有明确含义的图形，它可以被简单地分为产品图标、功能图标和装饰图标等类型。

- **产品图标**。产品图标是代表品牌形象和产品调性的图标，代表性和象征性强，如App图标（见图3-1）、企业或品牌图标等。
- **功能图标**。功能图标具备特定的功能，如用于表达情绪的表情符号、商场的引导标识（见图3-2）、界面中引导用户操作的图标等。
- **装饰图标**。装饰图标旨在渲染气氛、增强视觉效果，起到美化和装饰的作用，无须传达过多的信息。装饰图标有文字装饰图标（见图3-3）、背景图案等。

图3-1　App图标 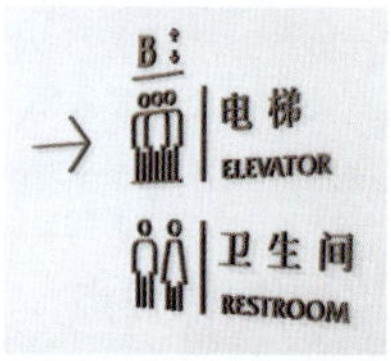　　　　图3-2　引导标识 　　　　图3-3　文字装饰图标

3.1.2 图标设计的尺寸规范

图标的设计尺寸需要根据具体的应用场景和传播媒介来确定，可以考虑以下比较常见的尺寸。

- **网站和App**。网站和App中的图标尺寸一般较小，一般是4的倍数或8的倍数，如图3-4所示。其中dp指独立密度像素，是Android设备上的基本单位，dp × (像素密度 / 160) = px。

屏幕大小	启动图标	操作栏图标	上下文图标	系统通知图标(白色)	最细笔画
320 px × 480 px	48 px × 48 px	32 px × 32 px	16 px × 16 px	24 px × 24 px	2 px
480 px × 800 px / 480 px × 854 px / 540 px × 960 px	72 px × 72 px	48 px × 48 px	24 px × 24 px	36 px × 36 px	3 px
720 dp × 1280 dp	48 dp × 48 dp	32 dp × 32 dp	16 dp × 16 dp	24 dp × 24 dp	2 dp
1080 px × 1920 px	144 px × 144 px	96 px × 96 px	48 px × 48 px	72 px × 72 px	3 px

图3-4　网站和App中图标的常用尺寸

- **印刷品**。印刷品（如易拉宝、宣传册）中的图标尺寸较大，可考虑300px×300px、

500px×500px、800px×800px、900px×900px的尺寸，且分辨率也要足够高，从而保证印刷的清晰度。

- 商品包装。应为商品包装中的图标预留足够的空间，以确保产品能够完整地展示出来，可以考虑100px×100px、250px×250px、500px×500px的尺寸。

3.1.3 图标设计的常见风格

随着受众审美和设计趋势的演变，图标设计演变出了多种风格。

- 拟物风格。拟物风格追求真实物体的质感、光影和纹理，通过渐变、高光、阴影等效果模拟现实世界中物体的外观和细节，使图标更加立体、逼真，如图3-5所示。
- 扁平风格。扁平风格图标追求简洁的色彩、元素和直观的布局，去除冗杂、厚重的装饰效果，如图3-6所示。
- 3D风格。3D风格图标常运用三维建模、渲染等技术手段，从而创造出具有真实体积感、光影效果和层次感的视觉效果，如图3-7所示。
- 2.5D风格。2.5D风格图标是介于2D与3D之间，呈现出侧视的特殊视角的图标，通过添加轻微的阴影、高光或透视效果来模拟三维空间的深度感，但不完全追求真实的三维效果，既保留了扁平风格的简洁性，又增加了视觉层次和立体感，如图3-8所示。

图3-5　拟物风格图标　　图3-6　扁平风格图标　　图3-7　3D风格图标　　图3-8　2.5D风格图标

- 渐变风格。渐变风格使用多种渐变色彩来创造平滑过渡、营造视觉层次感和艺术感，以增强光影质感和立体感，如图3-9所示。
- 线性风格。线性风格使用轻量的线条勾勒图标，整体趋于精致，具有透气感和锐度感，如图3-10所示。不同的线条表现具有不同的视觉效果，细线轻量，粗线厚重，直线硬朗，曲线柔美。
- 面性风格。面性风格相对线性风格有更大的视觉面积，更能吸引受众注意力，也更能表现出图标的力量感和厚重感，如图3-11所示。面性风格可以通过色彩的填充、多种形状的组合、图标质感的刻画、阴影等质感叠加效果来增强图标的视觉表现力。
- 线面结合风格。线面结合风格结合了线性风格和面性风格的优点，既保持了面性风格的厚重感，又具有线性风格的精致、细腻，如图3-12所示。

图3-9　渐变风格图标　　图3-10　线性风格图标　　图3-11　面性风格图标　　图3-12　线面结合风格图标

3.2 实战案例：设计音乐App金刚区图标

📇 案例背景

某音乐App为提升用户体验，需重新设计App首页的金刚区图标，直观展现"推荐歌单""热门榜单""私人电台"三大核心功能，以吸引并留住年轻音乐爱好者，具体要求如下。

（1）图标简洁精致，色彩有层次感，风格统一，视觉吸睛。

（2）充分表现功能特点，让用户仅通过图标就能猜到对应功能。

（3）图标尺寸均为48px×48px，分辨率为72像素/英寸。

🔧 设计大讲堂

金刚区是App页面上部的核心功能导航区，是聚合了各个子板块的功能入口，并为这些子板块引流，通常位于Banner下方（如果没有Banner则位于页面头部位置）。之所以叫金刚区，是因为这个区域内的功能和图标设计、排列方式等会根据不同需求灵活变化，有时展示业务目标，有时展示营销活动，有时用于烘托节日氛围，就像"变形金刚"般多变。

💡 设计思路

（1）色彩与风格设计。结合渐变风格和线面结合风格，以蓝紫色为主色，营造出安宁、放松、神秘与艺术的氛围。以白色为辅助色，提高对比度和简洁度，确保主要元素清晰、易识别。

（2）造型设计。以清单列表和音符的形状象征歌单，以三级领奖台和奖杯的形状代表榜单，以声波和电台收音机发声孔的形状设计电台图标。

本例的参考效果如图3-13所示。

推荐歌单　　　　　热门榜单　　　　　私人电台

图3-13　音乐App金刚区图标

🖱 操作要点

（1）使用形状绘图工具绘制图标。

（2）利用参考线、对齐与分布功能定位图形。

（3）利用路径查找器计算图形，利用"变换"面板丰富图形造型。

操作要点详解

电子书

3.2.1　绘制"推荐歌单"图标

微课视频

绘制"推荐歌单"
图标

先绘制一个蓝紫色渐变圆形作为背景，以营造氛围；然后在其中绘制白色的歌单图形，以多条直线代表歌单中的列表；最后在右侧绘制音符图形，强化音乐属性。具体操作如下。

（1）新建名称为"推荐歌单图标"，大小为"48px×48px"，分辨率为"72像素/英寸"的文件。按【Ctrl+R】组合键显示标尺，从垂直标尺向右拖曳出一条垂直参考线，在"属性"面板中设置X为"24px"，可将该垂直参考线置于画板中央；从水平标尺向下拖曳出一条水平参考线，在"属性"面板中设置Y为"24px"，可将该水平参考线置于画板中央，效果如图3-14所示。

（2）选择"椭圆工具" ◯，按住【Shift+Alt】组合键，在参考线交点处单击并向外拖曳鼠标，绘制直径为45px的圆形，效果如图3-15所示。

（3）在工具箱底部单击"渐变"按钮 ■，按【Ctrl+F9】组合键打开"渐变"面板，设置渐变颜色为蓝紫色（#2BD7F3～#F506FE），渐变角度为"90°"，按【Ctrl+;】组合键隐藏参考线，效果如图3-16所示。

（4）选择"圆角矩形工具" ▢，在控制栏中设置填充为白色。在画板中单击，打开"圆角矩形"对话框，设置宽度、高度、圆角半径分别为"23px""3.6px""1.8px"，单击 确定 按钮，得到图3-17所示的圆角矩形。

（5）使用"选择工具" ▶ 选中圆角矩形，按住【Alt】键向下拖曳两次，复制出两个圆角矩形。在"属性"面板中设置最下方圆角矩形的宽度为"16px"，然后按住【Shift】键，从上往下依次单击这3个圆角矩形，将它们同时选中，如图3-18所示。

图3-14　创建参考线　图3-15　绘制圆形　图3-16　渐变填充　图3-17　绘制圆角矩形　图3-18　选中效果

（6）在控制栏中单击"水平左对齐"按钮 ▤ 和"垂直居中分布"按钮 ▤，效果如图3-19所示。

（7）使用"圆角矩形工具" ▢ 在右侧绘制两个白色圆角矩形，作为音符的一部分。使用"选择工具" ▶ 同时选中这两个圆角矩形，在控制栏中单击"水平左对齐"按钮 ▤，效果如图3-20所示。

（8）使用"椭圆工具" ◯ 绘制音符底部的白色椭圆形，然后在内部绘制一个形状相同但尺寸更小的黑色椭圆形。使用"选择工具" ▶ 同时选中这两个椭圆形，在控制栏中单击"水平居中对齐"按钮 ▤ 和"垂直居中对齐"按钮 ▥，效果如图3-21所示。

（9）在"属性"面板的"路径查找器"栏中单击"减去顶层"按钮 ▣，然后使用"选择工具" ▶ 同时选中音符中的椭圆环和竖圆角矩形，在控制栏中单击"水平右对齐"按钮 ▤，效果如图3-22所示，完成"推荐歌单"图标的绘制。

图3-19 对齐与分布效果 图3-20 水平左对齐效果 图3-21 对齐椭圆形 图3-22 "推荐歌单"图标

3.2.2 绘制"热门榜单"图标

微课视频

绘制"热门榜单"图标

延续"推荐歌单"图标背景的设计，绘制3个高度不等的矩形作为领奖台；然后在中间最高的矩形上方绘制一个奖杯，代表荣耀与地位；再在两侧较矮的矩形上方绘制星形，作为闪耀的装饰元素。具体操作如下。

（1）新建名称为"热门榜单图标"，大小为"48px×48px"，分辨率为"72像素/英寸"的文件。选中"推荐歌单"图标中的渐变圆形背景，按【Ctrl+C】组合键复制，切换到新建的文件中，按【Ctrl+F】组合键原位粘贴渐变圆形背景。

（2）选择"圆角矩形工具" □，设置填充为白色，圆角半径为"0.5px"，在底部绘制大小为27px×1px的圆角矩形。

（3）选择"矩形工具" □，在圆角矩形上方从左至右依次绘制大小为6px×12px、6px×17px、6px×8px的白色矩形，将这3个矩形底对齐和水平居中分布。

（4）在中间矩形上方绘制大小为5px×0.5px的白色矩形，效果如图3-23所示。

（5）选择"多边形工具" ○，在画板中单击，打开"多边形"对话框，设置半径、边数分别为"3px""3"，单击 确定 按钮，得到一个白色三角形。使用"选择工具" ▶拖曳三角形的定界框，将其适当缩小并移至小矩形上方，将鼠标指针移至三角形一角内部的边角构件 ◉ 上，当鼠标指针变为 ▶ 形状时向上拖曳，得到图3-24所示的三角形圆滑边角效果。

操作小贴士

使用形状绘图工具绘制的矩形、圆角矩形、多边形、星形都具有边角构件 ◉，将鼠标指针移至任意边角构件上，当鼠标指针变为 ▶ 形状时拖曳该边角构件，可同步调整该形状的所有边角。先双击某个边角构件，使其变为选中状态 ◉，当鼠标指针变为 ▶ 形状时拖曳该边角构件，可仅调整该边角。按住【Alt】键，单击任意一个边角构件，可在"圆角""反向圆角""倒角"3种边角样式中交替转换。按住【Ctrl】键，双击任意边角构件，可在打开的"边角"对话框中设置该边角的样式、半径和圆角类型等属性。

（6）使用"矩形工具" □在三角形上方绘制大小为1px×2px的白色矩形，然后使用"椭圆工具" ○在矩形上方绘制图3-25所示的白色椭圆形。按【Shift+F8】组合键打开"变换"面板，在"椭圆属性"栏中设置饼图起点角度为"180°"，得到半个白色椭圆形，如图3-26所示。

（7）使用与步骤（6）相似的方法绘制半个白色椭圆形，设置其填充为"无"，描边为白色，描边粗细为"0.35pt"，效果如图3-27所示。

图3-23　绘制矩形　图3-24　调整边角　图3-25　绘制椭圆形　图3-26　得到半椭圆形　图3-27　绘制半椭圆形

（8）选择"星形工具" ☆ ，在画板中单击，打开"星形"对话框，设置角点数为"5"，单击 确定 按钮，得到白色五角星，再为其填充蓝紫色渐变（#2BD7F3～#F506FE），并设置渐变角度为"0°"。使用"选择工具" ▶ 适当调整其大小、位置和边角，完成奖杯图形的绘制，如图3-28所示。

（9）使用"星形工具" ☆ 在左侧矩形上绘制一个较小的白色星形，在"变换"面板的"星属性"栏中设置星边数为"4"，半径1、角半径1分别为"2px""0px"，半径2、角半径2分别为"0.65px""0.5px"。复制该星形到右侧矩形上，并略微缩小，效果如图3-29所示，完成"热门榜单"图标的绘制。

图3-28　奖杯效果　图3-29　"热门榜单"图标

3.2.3　绘制"私人电台"图标

使用统一的图标背景，绘制多个竖向的圆角矩形，并调整至不同长度，以体现声波的律动感，然后适当对齐并均匀分布圆角矩形。具体操作如下。

（1）新建名称为"私人电台图标"，大小为"48px×48px"，分辨率为"72像素/英寸"的文件。选中"推荐歌单"图标中的渐变圆形背景，按【Ctrl+C】组合键复制，切换到新建的文件中，按【Ctrl+F】组合键原位粘贴渐变圆形背景。

（2）使用"圆角矩形工具" ▢ 绘制一个白色圆角矩形，使用"选择工具" ▶ 调整其边角构件至极限，得到最大圆角半径。复制出3个圆角矩形，调整至不同长度，调整最左侧和最右侧圆角矩形的位置，选中这4个圆角矩形，如图3-30所示。

（3）在控制栏中单击"垂直居中对齐"按钮 ▦ 和"水平居中分布"按钮 ▦ ，效果如图3-31所示，完成"私人电台"图标的绘制。

微课视频

绘制"私人电台"图标

图3-30　选中圆角矩形　图3-31　"私人电台"图标

3.3　实战案例：设计糖果屋品牌标志

"糖果屋"品牌以售卖各种糖果为主，在商业区、景区、游乐场等场所开设了分店。为塑造统一的品牌形象，加强宣传效果，提高识别度，该品牌准备设计品牌标志，具体要求如下。

（1）标志简洁、可爱，能营造甜蜜的氛围，符合儿童、年轻人等目标消费者的审美。

（2）需在标志中融入糖果元素和品牌名称。

（3）尺寸为500px×500px，分辨率为72像素/英寸，设计应考虑到品牌传播的需求，适用于门店招牌、手提袋、包装等。

💡 设计思路

（1）色彩与风格设计。采用扁平风格，以粉色为主色，给人以甜蜜、愉悦的感觉。

（2）造型设计。将棒棒糖作为糖果屋的主营产品，绘制可爱的棒棒糖图形。

本例的参考效果如图3-32所示。

图3-32　糖果屋品牌标志

🔲 操作要点

（1）使用线条绘图工具和形状绘图工具绘制标志图形。

（2）为图形设置不同的描边样式，并镜像图形。

操作要点详解

电子书

3.3.1 绘制棒棒糖图形

参考圆形波板糖（一种常见的棒棒糖）的造型进行设计，需要绘制圆形、螺旋线、棒棒糖手拿棍，可使用"椭圆工具"和"螺旋线工具"等进行绘制。具体操作如下。

微课视频

绘制棒棒糖图形

（1）新建名称为"糖果屋品牌标志"，大小为"500px×500px"，分辨率为"72像素/英寸"的文件。

（2）选择"椭圆工具" ◯，设置填充为白色，描边为洋红色（#E0507F），描边粗细为"7pt"，在画板上方绘制直径为252px的正圆。再在正圆内部绘制236px×230px的椭圆，修改描边为"无"，填充为浅粉色（#F8CAD4），效果如图3-33所示。

（3）选择"螺旋线工具" ◎，设置描边为洋红色（#E0507F），描边粗细为"3pt"。在圆形中央单击，打开"螺旋线"对话框，设置半径、衰减和段数分别为"120px""86%""12"，单击 确定 按钮，效果如图3-34所示。

（4）使用"选择工具" ▶选择绘制的螺旋线，在控制栏中设置画笔定义为"3点椭圆形"，变量宽度配置文件为"宽度配置文件2"。适当调整螺旋线的大小、位置和角度，使其一端与圆形描边刚好交会，效果如图3-35所示。

操作小贴士

　　在绘制螺旋线的过程中，按住【Ctrl】键并拖曳鼠标，可以调整螺旋线的衰减比例，即疏密程度；按【↑】或【↓】键，可以增加或减少螺旋线的段数；按住【～】键并拖曳鼠标，可绘制多条螺旋线；按住空格键可暂时"冻结"正在绘制的螺旋线，此时可以任意移动螺旋线，松开空格键后可以继续绘制螺旋线；按【R】键，可以调整螺旋的方向。

　　（5）选择"圆角矩形工具" ▢，设置填充为浅粉色（#F8CAD4），描边为洋红色（#E0507F），描边粗细为"7pt"，圆角半径为"6px"，在圆形下方绘制大小为25px×131px的圆角矩形。按【Shift+Ctrl+[】组合键将圆角矩形置于底层，效果如图3-36所示。

　　（6）选择"直线段工具" ╱，设置描边为洋红色（#E0507F），描边粗细为"4pt"，在圆角矩形中绘制7条直线段，如图3-37所示。

图3-33　绘制圆形 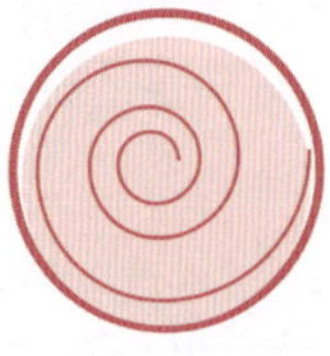　图3-34　绘制螺旋线 　图3-35　调整螺旋线 　图3-36　调整圆角矩形 　图3-37　绘制直线段

3.3.2　绘制标志背景和装饰图形

　　标志背景可使用两个不同描边的同心圆，以聚集视线；然后在棒棒糖下方添加品牌名称和装饰；最后绘制一个黄色的蝴蝶结作为点缀，运用亮色起到吸睛和装饰的作用。具体操作如下。

微课视频

绘制标志背景和
装饰图形

　　（1）选择"椭圆工具" ⬭，设置填充为白色，描边为粉红色（#EF94AE），描边粗细为"8pt"，在画板上方绘制直径为410px的圆形。

　　（2）复制并适当缩小该圆形，修改描边粗细为"6pt"，在"属性"面板的"外观"栏中单击 描边 按钮，在打开的面板中选中"虚线"复选框。选中这两个圆形，按【Shift+Ctrl+[】组合键将其置于底层，效果如图3-38所示。

　　（3）打开"店铺名称.ai"素材，将其中的品牌名称及文字背景拖入"糖果屋品牌标志"文件中，调整其大小和位置，效果如图3-39所示。

　　（4）选择"弧形工具" ◠，设置描边为黄色（#FFF100），描边粗细为"7pt"，变量宽度配置文件为"宽度配置文件1"；在画板中单击，打开"弧线段工具选项"对话框，设置x轴长度、y轴长度和斜率分别为"100.5px""45.5px""60"，单击 确定 按钮；然后使用"选择工具" ▶ 将绘制的弧线移到图3-40所示的位置。

　　（5）选择"弧形工具" ◠，从弧线左端拖曳鼠标至弧线右端后释放鼠标左键，绘制出第2条弧线，如图3-41所示。

图3-38　制作圆形背景　图3-39　添加品牌名称　图3-40　绘制第1条弧线　图3-41　绘制第2条弧线

（6）从第2条弧线左端拖曳鼠标至弧线右端，多次按【↑】键以增大弧线的斜率，然后释放鼠标左键，绘制出图3-42所示的第3条弧线。使用"选择工具" ▶ 选择该弧线，在"属性"面板的"变换"栏中设置旋转为"9.11°"，效果如图3-43所示。

操作小贴士

在绘制弧线的过程中，按【C】键，可以在开放的弧线与闭合的弧线之间切换；按【F】键，可以上下翻转弧线；按住【~】键并拖曳鼠标，可绘制多条具有同一起点的弧线。按【↑】或【↓】键，可以增大或减小弧线的斜率。

（7）选择"弧形工具" ⌒ ，在画板中单击，打开"弧线段工具选项"对话框，设置x轴长度、y轴长度和斜率分别为"130px""110px""45"，单击 确定 按钮；然后使用"选择工具" ▶ 将绘制的弧线移到图3-44所示的位置。

（8）同时选中所有弧线，选择【对象】/【变换】/【镜像】命令，打开"镜像"对话框；选中"垂直"单选项，单击 复制(C) 按钮，然后将镜像得到的所有弧线移到原弧线右侧，形成完整的蝴蝶结，最终效果如图3-45所示。

图3-42　绘制第3条弧线　图3-43　旋转弧线　图3-44　移动第4条弧线　图3-45　最终效果

3.4 实战案例：设计相机应用程序图标

案例背景

在智能手机高度普及的今天，相机应用程序已成为人们日常生活中的重要部分。某相机应用程序为提升吸引力，现需设计一个独特且引人注目的应用程序图标（即启动图标），具体要求如下。

（1）以相机造型为基础进行设计，图标效果新颖，具有辨识度，色彩不单调。

（2）图标尺寸为72px×72px，分辨率为72像素/英寸。

设计思路

（1）色彩与风格设计。图标整体采用拟物风格，相机机身以银色的金属渐变颜色为主色，以制造立体感；相机镜头色彩模拟常见的蓝紫色光晕色彩。图标背景以浅淡的彩色渐变为主，以提高色彩丰富度，增强整体的活泼感。

（2）造型设计。模拟现实世界中金属相机的外观和细节，参考相机正面进行绘制。

本例的参考效果如图3-46所示。

图3-46　相机应用程序图标

操作要点

（1）使用形状绘图工具和网格绘图工具绘制相机图形。

（2）运用色板库和"渐变"面板填充渐变颜色。

3.4.1　绘制相机机身

先绘制一个渐变圆角矩形作为图标背景，再参考真实相机的造型，绘制有金属质感的机身和旋钮，以及其他元素。具体操作如下。

（1）新建名称为"相机应用程序图标"，大小为"72px×72px"，分辨率为"72像素/英寸"的文件。

（2）选择"圆角矩形工具" ▢，取消描边，设置填充为任意颜色，圆角半径为"12px"，绘制一个与画板等大的圆角矩形。按【Ctrl+F9】组合键打开"渐变"面板，设置渐变颜色为"#F4CCDE～#F9E7E5～#FBF7D7～#C0C9E4～#F9D2C0"，渐变角度为"-48°"，更改圆角矩形的填充色，效果如图3-47所示。

（3）在左侧绘制大小为28px×30px的圆角矩形，设置圆角半径为"4px"；选择【窗口】/【色板库】/【渐变】/【金属】命令，打开"金属"色板库面板，单击其中的"铬"色块▯，将其应用到圆角矩形上，效果如图3-48所示。

（4）在右侧绘制大小为28px×30px的圆角矩形，为其设置与左侧圆角矩形相同的圆角半径和填充色，在"渐变"面板中更改渐变角度为"180°"，效果如图3-49所示。

（5）使用"矩形工具" ▢在左右两个圆角矩形之间绘制大小为37px×30px的矩形，设置渐变颜色为"#DCDDDD～#A4A4A5～#BDBEBE"，渐变角度为"0°"，使该矩形平滑过渡到两侧圆角矩形的色彩，从而让相机机身的金属光影效果更自然，如图3-50所示。

（6）使用"矩形工具" ▢在机身左上方绘制一个较小的矩形作为按钮，在"金属"色板库面板中单击"银"色块▯，效果如图3-51所示。

（7）在按钮左侧绘制等高的白色矩形，作为金属高光；在按钮与机身之间绘制填充为"#292842"的矩形，效果如图3-52所示。

（8）以机身顶边为水平线，在机身右侧绘制一个圆角矩形作为旋钮；选择【窗口】/【色板库】/【渐变】/【中性色】命令，打开"中性色"色板库面板，在其中单击"中性色6"色块▨。在"渐变"面板中设置渐变角度为"90°",在"图层"面板中选中并拖曳该图层至机身形状所在图层下方,效果如图3-53所示。

（9）综合运用"矩形工具"▢、"椭圆工具"▢和"圆角矩形工具"▢绘制机身中的其他元素,效果如图3-54所示。

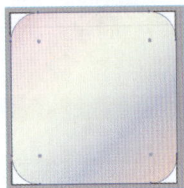

图3-47 图标背景　　图3-48 左侧圆角矩形　图3-49 右侧圆角矩形　图3-50 过渡矩形

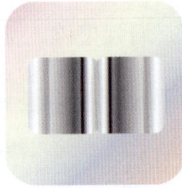

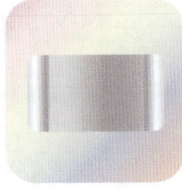

图3-51 金属按钮　　图3-52 完善按钮　　图3-53 金属旋钮　　图3-54 机身中的其他元素

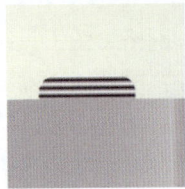

3.4.2 绘制相机镜头

为了展现相机镜头的光影效果和通透感,可以绘制多个颜色相近的同心圆,然后在其上添加光晕效果。具体操作如下。

（1）双击"极坐标网格工具"▨,打开"极坐标网格工具选项"对话框,设置同心圆分隔线数量为"6",径向分隔线数量为"2",选中"填色网格"复选框,单击 确定 按钮,在机身中间绘制一个圆形极坐标网格。

（2）在"金属"色板库面板中单击"钢"色块▨,在"属性"面板的"变换"栏中设置旋转为"134°",效果如图3-55所示。

（3）按【Shift+Ctrl+F9】组合键打开"路径查找器"面板,单击"分割"按钮▨;然后使用"选择工具"▸选中分割后的圆形极坐标网格,在其上单击鼠标右键,在弹出的快捷菜单中选择"取消编组"命令;此后可单独选择分割后的每一个半圆环,如图3-56所示。

（4）依次选择右下方的半圆环并修改填充色（最外圈的半圆环无须修改）,从外圈到内圈分别填充为"#5F4D7C""#28347E""#2D479A""#687BBA""#818BC4""#231815",效果如图3-57所示。

（5）依次选择左上方的半圆环并修改填充色,使其比右下方半圆环的颜色更亮,制造出镜头反光效果,从外圈到内圈分别填充为渐变色"银"色块▨、"#7F7196""#535D98""#576CAE""#8695C8""#9AA2D0""#444444",效果如图3-58所示,完成镜头的绘制。

（6）选择"光晕工具"▨,在镜头的左下方依次绘制一大一小的两个圆形光晕,效果如图3-59所示。

微课视频

绘制相机镜头

图3-55 圆形极坐标网格　图3-56 半圆环　图3-57 修改填充色　图3-58 镜头效果

（7）为了增强空间感，使相机更加立体，可为其绘制投影。使用"钢笔工具" 依次在相机右上角、相机左下角、画板下方、画板右侧单击，设置填充为白色到黑色的渐变，渐变角度为"120°"，然后在"图层"面板中将该图层移至相机所在图层下方，效果如图3-60所示。

（8）在"属性"面板中单击 不透明度 按钮，在打开的面板中设置不透明度为"15%"，混合模式为"明度"。使用"圆角矩形工具" 绘制一个与图标背景等大的圆角矩形，取消填充和描边，然后同时选中该圆角矩形和投影形状，如图3-61所示。

（9）在其上单击鼠标右键，在弹出的快捷菜单中选择"建立剪切蒙版"命令，隐藏圆角矩形以外的投影形状，最终效果如图3-62所示。

图3-59 圆形光晕　图3-60 制作投影　图3-61 同时选中　图3-62 最终效果

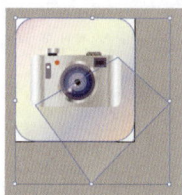

3.5 拓展训练

实训 1　设计鲜花店店铺标志

实训要求

（1）为"花样印记"鲜花店设计店铺标志，要用到鲜花图形，造型简约，色彩鲜艳。
（2）店铺标志尺寸为300px×300px，分辨率为300像素/英寸。

操作思路

（1）绘制3个圆角矩形，并填充为橙色和黄色，奠定鲜艳、明亮的色彩基调。
（2）绘制3个粉色椭圆形，并旋转到适当的位置，组成鲜花花瓣。
（3）绘制直线段和弧线，选择适当的宽度配置文件，得到有粗细变化的枝干。
（4）输入店铺中英文名称，然后在英文单词之间绘制一个较小的圆形。
具体设计过程如图3-63所示。

①绘制圆角矩形　　　　②绘制椭圆形　　　　③绘制枝干线条　　　　④输入文字并绘制圆形

图3-63　鲜花店店铺标志设计过程

实训 2　设计纯棉标签图标

实训要求

（1）某品牌为突出产品品质，需要为旗下的新疆棉类纺织品设计标签，标签以棉花形状为主体。设计简约的棉花形状，体现纯棉质感。

（2）将绿色和白色作为标签的主色，体现清新、环保的特点。

（3）标签图标尺寸为200px×200px，分辨率为300像素/英寸。

操作思路

（1）绘制一个与画板等大的矩形作为背景，再绘制一个圆形作为标签背景，圆形具有白色描边和绿色填充。

（2）绘制4个等大的白色圆形，并使用路径查找器中的"联集"按钮■，将这4个圆形组合成棉花形状。

（3）绘制一个十四角星形，并使用路径查找器中的"减去顶层"按钮■，让棉花形状减去星形，最后输入标签文字。

具体设计过程如图3-64所示。

①绘制并组合圆形　　　②绘制十四角星形　　　③让棉花形状减去星形　　　④输入标签文字

图3-64　纯棉标签图标设计过程

设计大讲堂

　　标签是用于说明物品的名称、重量、体积、用途等信息的简短标识牌。常见的标签包括折扣标签、价格标签、合格标签等。设计标签时，标签内容应明确，使用户能快速找到需要的信息，并能在一定程度上激发用户的购买欲。

实训 3 设计水果图标

实训要求

（1）以橙子为原型设计水果图标，要体现出橙子的基本特征，视觉效果清新、简约。

（2）图标尺寸为400px×400px，分辨率为300像素/英寸。

操作思路

（1）绘制径向分隔线为"8"、填充为橙色、描边为白色的极坐标网格，得到初步的橙子切面。

（2）取消图形编组，并利用路径查找器中的"分割"按钮 ，将切面划分为8块，然后拖曳每个角的 图标，调整圆角弧度，使橙子切面更加美观。

（3）绘制一个比橙子切面略大的橙红色圆形，作为橙子的外皮。

（4）绘制两条弧线，运用较粗的描边和宽度配置文件1制作两片绿叶。

（5）在绿叶中央各绘制一条弧线，运用较细的描边和宽度配置文件2制作两条叶脉。

具体设计过程如图3-65所示。

①绘制极坐标网格　　②调整圆角弧度　　③绘制橙红色圆形　　④绘制绿叶和叶脉

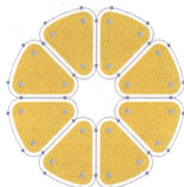

图3-65　水果图标设计过程

3.6 AI辅助设计

神采 PromeAI 设计一组食物图标

神采PromeAI拥有强大的人工智能驱动设计助手和丰富的AIGC（Artificial Intelligence Generated Content，人工智能生成内容）模型风格库，集图片生成、图像编辑、视频生成三大功能于一体。无论用户是经验丰富的设计人员还是初学者，无论用户是从事建筑设计、室内设计，还是产品设计和游戏动漫设计，都可以在神采PromeAI中找到合适的预设场景和模型，将创意灵感转化为现实作品。例如，使用神采PromeAI设计一组3D风格的食物图标。

图片生成

使用方式：输入关键词。

关键词描述方式：作品类型+主要元素+风格+色彩+其他细节。

主要参数：模式、风格。

模式：图片生成／草图渲染。

风格：独特／3D／灯具。

关键词描述：一组食物图标、图标设计、不同的食物、三维建模、温暖色彩、精致、造型简约。

示例效果：

Pixso AI　生成不同风格的图标

Pixso AI是一站式完成UI（User Interface，用户界面）设计、原型设计、交互与交付的平台，其中内置的AI助手具备文生图、图标生成、语言大师、灵感专家、设计规范生成、设计元素检查清单等功能，支持选择多种尺寸、风格和应用场景。用户只需要提供简单的需求，Pixso AI便可根据需求生成对应内容，帮助用户完成视觉探索、素材配图、元素生成等。例如，使用Pixso AI生成不同风格的图标。

图标设计

使用方式：新建任意设计文件 → 单击AI助手 → 选择图标生成。

示例1效果：

示例1如下。

风格／模式：扁平图标／文字模式。

图标主体／图标颜色／其他：城堡／黄棕色／高质量。

图标尺寸：512px×512px。

示例2效果：

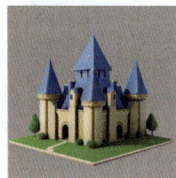

示例2如下。

风格／模式：3D图标／文字模式。

图标主体／其他：城堡／高质量。

图标尺寸：512px×512px。

👆 **拓展训练**

请使用神采PromeAI或Pixso AI，以公文包、文件夹、计算机、打印机、备忘录等为主题，生成2.5D风格的商务办公类图标。

3.7 课后练习

1. 填空题

（1）_____图标是代表品牌形象和产品调性的图标，代表性和象征性强。

（2）网站和App中的图标尺寸一般是____或____的倍数。

（3）_____风格的图标整体趋于精致，具有透气感和锐度感。

（4）要想设置垂直参考线的位置，需要在"属性"面板中设置____参数。

（5）使用_____工具绘制螺旋线时，按_____或_____键，可以改变螺旋线的段数。

2. 选择题

（1）【单选】使用（　）工具可以绘制同心圆网格。

A. 极坐标网格　　　　B. 圆形网格　　　　C. 螺旋线　　　　D. 椭圆

（2）【单选】使用"选择工具" ▶ 拖曳形状的（　），可调整该角的圆角半径。

A. 边角构件　　　　B. 控制点　　　　C. 控制柄　　　　D. 锚点

（3）【多选】图标是具有指代意义的图形符号，具有（　）的特性。

A. 无损压缩　　　　B. 高度浓缩　　　　C. 便于记忆　　　　D. 快速传达信息

（4）【多选】印刷品（如易拉宝、宣传册）中的图标尺寸较大，常见的有（　）。

A. 300px×300px　　　　　　　　B. 500px×500px

C. 800px×800px　　　　　　　　D. 900px×900px

3. 操作题

（1）设计一个闹钟图标，需展现一定的细节和立体感，色彩搭配清爽，参考效果如图3-66所示。

（2）为某生鲜店铺设计鱼类标签，要求使用鱼图形，使标签易于识别，同时兼具独特性和美观性，参考效果如图3-67所示。

（3）使用神采PromeAI或Pixso AI生成动物图标，要求视觉效果可爱、生动，风格不限，参考效果如图3-68所示。

图3-66　闹钟图标　　　　图3-67　鱼类标签　　　　图3-68　动物图标

Ai

第　　章

插画设计

插画是一种历史悠久的艺术形式，从古老的石窟壁画到报纸期刊、画报、图书中的插画，再到现在无处不在的商业插画，插画的魅力始终不减。插画已经成为一种独立的艺术表达形式，不仅用于图书，还广泛应用于 UI 设计、广告设计、包装设计、服装设计、游戏原画设计、影视动漫制作等行业。作为信息传递与情感表达的重要媒介之一，插画设计并非图形的简单堆砌或形式上的模仿，而是充满创意与想象的构建过程，是图形创意逻辑与审美原则的高度融合与体现。

学习目标

▶ **知识目标**

◎ 掌握插画设计的风格与特征。
◎ 熟悉插画设计的基本流程与基本要素。

▶ **技能目标**

◎ 能够从专业的角度设计不同类型与风格的插画。
◎ 能够使用 Illustrator 绘制插画。
◎ 能够借助 AI 工具根据创意生成插画。

▶ **素养目标**

◎ 培养对插画设计的兴趣，具备准确的光影表达能力与透视能力。
◎ 提升对插画色彩和造型的审美水平与应用能力。
◎ 善于细心观察生活与大自然，从中获取插画设计灵感。

学习引导 📊

STEP 1　相关知识学习　　　　建议学时：___1___学时

课前预习	1. 扫码了解插画与数字插画的概念、插画的应用领域，建立对插画设计的基本认识。 2. 在网络上搜索并欣赏不同风格的插画设计案例，提升审美水平。

课前预习

电子书

课堂讲解	1. 插画设计的风格与特征。 2. 插画设计的基本流程和基本要素。
重点难点	1. 学习重点：不同插画风格的特征，插画设计基本流程中的计算机绘制阶段。 2. 学习难点：插画设计的基本要素，包括线条与造型、光影与色彩、透视与构图。

STEP 2　案例实践操作　　　　建议学时：___4___学时

实战案例	1. 设计节能生态岛插画。 2. 设计篮球少年插画。	**操作要点**	1. 画笔库、"内发光"命令、"镜像"命令。 2. 剪刀工具、平滑工具、美工刀工具。

案例欣赏	  

STEP 3　技能巩固与提升　　　　建议学时：___4___学时

拓展训练	1. 设计风景插画。 2. 设计毕业季校园插画。 3. 设计立春月历插画。
AI 辅助 设计	1. 使用神采PromeAI根据线稿渲染插画。 2. 使用通义万相设计游戏场景插画。

课后练习 通过练习题巩固行业知识，提升设计能力与实操能力。

4.1 行业知识：插画设计基础

插画作为一种表达创意、展现想象力和创造力的艺术形式，具有一定的审美价值。优秀的插画作品不仅能够准确地传达信息，还能够引发观者的共鸣，传递情感和价值观。

4.1.1 插画设计的风格与特征

随着技术的发展，插画绘制工具层出不穷，设计人员可以利用计算机软件等工具，充分发挥想象力进行创造，使插画艺术手法与风格类型越来越多元化。

- 扁平风格。扁平风格的插画去除了质感、纹理，只保留主要形态特点，大色块、简约造型是它的基本特点，如图4-1所示。
- 立体风格。立体风格插画包含具有轻微透视感的2.5D风格插画，以及通过建模、渲染等技术手段创造出的具有真实体积感、光影效果和层次感的3D风格插画，如图4-2所示。

图4-1 扁平风格插画

图4-2 立体风格插画

- 写实风格。写实风格的插画多以摄影照片为参考原型，用绘画形式来高精度地还原现实，表现手法细腻，更注重细节处理，从而达到超写实效果，如图4-3所示。
- 古典风格。古典风格插画（见图4-4）有着浓郁的中国传统特色，人物、服饰、装饰、场景等都涉及中国传统

图4-3 写实风格插画

图4-4 古典风格插画

元素和表现手法，常运用水墨和留白的方式，带给人无限的遐想空间，韵味和意境十足。

- **MBE风格**。MBE（Minimalist Bold Elegant）风格是以简洁线条、鲜明色彩、极简设计为特点的插画风格，通常使用加粗的深色线条描边，并在描边中适当断开，还具有色块溢出的特点，以错位的空白表示高光，以溢出的色块表示阴影，如图4-5所示。
- **肌理风格**。肌理风格也称噪点风格，即给插画加上肌理质感（如噪点、布纹肌理和网点肌理）和光感，通常没有描边线条，画面轻快，通过色块的明暗来区分每个元素，给人朴实、轻松、随意的感受，如图4-6所示。这种风格的插画通常会加入杂色，从而增强颗粒感与质感，也会通过明暗色块区分每个元素，层次感更强。
- **涂鸦风格**。涂鸦风格也称Doodle风格，涂鸦风格插画从原本在墙壁上涂鸦画画延伸至用计算机绘制，特点是大胆、有个性、张扬、简单、凌乱，笔触比较随性、夸张，色彩鲜艳，如图4-7所示。

| 图4-5 MBE风格插画 | 图4-6 肌理风格插画 | 图4-7 涂鸦风格插画 |

4.1.2 插画设计基本流程

了解插画设计基本流程对插画师而言，能提升工作效率与作品质量，有助于培养良好的插画创作习惯。

- **创意构思**。先落实插画要表达的内容和主题，包括其故事情节、画面风格、目标受众、插画用途等，然后运用联想、想象等思维方法进行头脑风暴。可以运用思维导图梳理思路和关键词，尽量让插画内容具有逻辑和一定的故事性。
- **素材搜集**。根据构思和插画主题搜集相关的表现技法、图片、影片、动画等，以更好地理解和展现主题。素材可以是从网络上搜集的，或使用相机拍摄的照片、草图、优秀画作等。
- **草图设计**。正式绘制插画前一般会勾勒草图，以规划画面内容。草图不需要太多细节，常使用简单的线条和形状。可在纸上或计算机软件上勾勒出插画的大致形态，如插画的构图、角色、场景、明暗关系等基本要素。此外，也可以进一步添加更多的细节和精细的线条，如角色的表情、动作和细节，以及场景细节、色调分布等。
- **计算机绘制**。在绘画软件中新建多个图层，分别用于绘制不同的元素（如背景、主体、装饰等）。根据插画的色彩方案，为各个元素上色，再对各个元素进行细节刻画，如添加纹理、高光、阴影等，以增强画面的质感和层次感。此外，还可以后期统一调整与优化色调、光影、纹理等，最后将插画导出为所需的格式。

4.1.3 插画设计基本要素

要想创作出引人入胜的插画，掌握其基本要素至关重要。线条与造型、光影与色彩、透视与构图等都是插画设计的基本要素，它们共同打造出精彩纷呈的视觉体验。

1. 线条与造型

线条是插画中最基本的构成要素，造型则是通过线条的组合与变化形成的具有特定形态和特征的轮廓，两者共同构成插画的视觉基础。

（1）线条

线条具有方向性，其不同形态还有不同的运用场景。通常，长线用在人物躯干、头发上，而短线用于四肢、脸部等细节的刻画。

线的粗细、轻重变化和光影、结构与转折、层次与叠加有关。受光处的线偏细、偏轻，背光处的线偏粗、偏重；转折力度大、结构硬的线更粗、更重，转折力度小、结构软的线更细、更轻；形体的外轮廓比内部的线条更粗、更重。在具有空间前后关系的插画中，层次在前的对象的线会更粗、更重，层次在后的对象的线会更细、更轻。图4-8所示的插画线稿中前方的植物的线条就比后方的植物的线条更粗、更重，且转折处物体外轮廓线条也更粗、更重。

（2）造型

在为插画中的对象建立造型时，需要先建立抽象轮廓，通过简单的线条概括对象姿态外形的最远点（即找凸点），如图4-9所示的蓝色轮廓。在第一层轮廓的基础上建立第二层轮廓，挖去主要的空白部分（即找凹点），如图4-9所示的绿色轮廓。这两层轮廓只需要刻画出能表现形体主要动态的部分。之后，基于第一、二层轮廓，用C线、S线和I线（见图4-10）概括出第三层轮廓，如图4-11所示的橙色轮廓，再进一步细化细节。

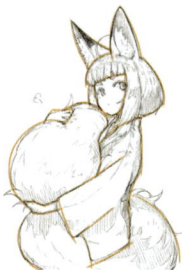

图4-8　插画线稿　　图4-9　第一、二层轮廓　　图4-10　C线、S线和I线　　图4-11　第三层轮廓

2. 光影与色彩

提及光影就不得不提到色彩，光影是物体本色、环境色与光线相互作用的结果。光影与色彩在插画中相互依存、相互作用，从而创造出逼真而生动的表现力。

（1）光影

光影是增强画面故事感的关键，不同的光影能形成不同的画面氛围。要想确定插画中对象的光影，首先要学会判断光的朝向，即光究竟是从哪里照射过来的。光可分为顺光、逆光、侧光、顶光、底光等。其中，底光可以带来诡异、神秘的效果，顶光可用于营造圣洁的氛围，左侧光或者右侧光是刻画人物的常见光。

⚙ 设计大讲堂

插画中常用的光有自然光和戏剧光。自然光是自然环境下的光，一般写实的插画中都会用到自然光。戏剧光类似于舞台光，是指人为营造的光，动漫插画中的光源大多是戏剧光和自然光的结合。

当光照射在物体上时，会形成光影，光影与三大面、五大调密不可分，如图4-12所示。三大面是光照射在物体上形成的3种面：暗面（背光的一面）、亮面（受光的一面）和灰面（侧受光的一面）。此外，地面上的物体在暗面还会形成反光，再加上投影；物体亮面中光最强处还会形成高光；亮面与暗面的交界处会有明暗交界线。插画中的光影主要由高光、灰面、明暗交界线、反光、投影这五大调组成。三大面、五大调并不是都要体现在插画中，但体现得越多，画面的细节就越丰富，插画也越耐看。

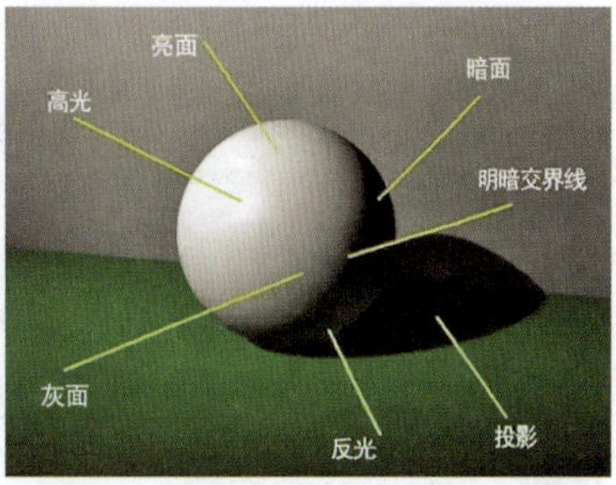

图4-12　物体在光照下的明暗变化

（2）色彩

光线是有颜色的，被射物体在人眼中呈现的颜色会随着光源、周围环境的改变而变化。在刻画具有光影效果的物体色彩时，要注意以下原则。

● **阴影上色原则**。阴影的色彩比物体本色更深。当主光源与物体的颜色冷暖不同时，阴影部分要加入一定的主光源颜色的互补色，即受光区域为暖色，背光区域则偏冷；反之，受光区域为冷色，背光区域则偏暖。如果在整个环境中没有明显的色温倾向，则常用稍冷的冷调绘制阴影。

● **高光上色原则**。由于太阳光本身是暖白色的，高光的色彩大部分偏白，有偏暖色的白和偏冷色的白。高光的上色相对比较自由，但高光一定要比本色更亮。

● **不要忽略环境光的影响**。环境光是指除了直接光源（如太阳光、灯光）外，周围环境对物体产生的间接照明效果，通常表现为背景色、周围物体的反射光，或弥漫在整个场景中的光线氛围。当环境光和物体本色都是暖色时，阴影很少会出现冷色调。

● **色彩不宜过多**。一幅插画作品的色彩不宜过多，一般控制在5～10种色彩，并且应该有一个主色调。

3. 透视与构图

尽管插画多存在于二维平面中，但其实画面中还有纵深方向的空间感需要表现，这就需要用到透视。

（1）透视

透视是指在平面或曲面上描绘物体空间关系的方法或技术，在插画中主要通过近大远小、近实远虚、前后遮挡这3个方面表现空间感和层次感。透视不仅可以使物体看起来更真实，还可以制造聚拢感、距离感，以及空间感。常见的透视一般有以下3种。

- **一点透视**。一点透视也叫平行透视，直观来讲就是地平线上有一个消失点，比如在火车车厢、走廊中向前方眺望时，视线最终会汇聚成一个点，如图4-13所示。
- **二点透视**。二点透视也叫成角透视。地平线上出现两个消失点，物体在眼睛正前方，并且有两组平行线，两组平行线最终汇聚成两个焦点，如图4-14所示。
- **三点透视**。顾名思义，三点透视会出现3个消失点，其中两个消失点在地平线上，另外一个则处于垂直于地平线的位置。消失在天空的是天点，消失在地面的是地点。产生三点透视主要是因为我们的视平线高度发生变化，比如俯视或者仰视，如图4-15所示。

图4-13　一点透视　　　　　图4-14　二点透视　　　　　图4-15　三点透视

设计大讲堂

在表现场景空间层次感时，可以把插画中的元素分为前景、人物（或主角）和背景。背景用来渲染氛围和基调，人物承担着表达主题的重要任务，前景多采用植物等元素衬托人物主体所处环境。

（2）构图

设计插画时，不能为了构图而构图，而要先明白插画需要表达的中心思想，构图应能凸显主体与主题内涵，并具有一定创新性。在为插画设计构图时，要注意以下原则。

- **突出主体**。从主题思想出发，正确处理好主体、陪体和环境的关系。设计人员可以把自己放在画面中进行构图，将自己完全融入插画场景中观察场景中的元素，选择一个观察位置作为视点，以便处理元素之间的关系。
- **均衡原则**。均衡不是对称或平均，而是指巧妙安排画面元素，使画面达到视觉上的平衡、稳定、和谐。
- **对比原则**。对比是指把两种不同的事物进行比较，从而产生视觉亮点，如较大的物体比较小的物体更能引起注意；主体与背景产生明暗对比，从而突出主体。
- **透视原则**。插画构图需要遵循透视原则，以赋予画面空间深度和立体感。

4.2 实战案例：设计节能生态岛插画

案例背景

　　某环保组织准备举办以节能环保为主题的公益插画比赛，通过有创意的插画比拼，吸引更多人关注，号召更多人践行低碳、节能环保、绿色发展的生活理念，具体要求如下。

　　（1）插画内容需要与主题紧密相关，并展示生态环境保护成果和节能技术。

　　（2）插画生动简洁、富有创意和美感，使用偏向环保、具有自然氛围的色彩。

　　（3）插画尺寸为1200px×1200px，分辨率为150像素/英寸。

设计思路

　　（1）图形设计。设计一个拥有青山绿水、使用节能技术的美丽生态岛，岛上有新能源发电设备，以及青山绿水、鲜花绿草、蓝天白云等自然元素。

　　（2）色彩设计。以清爽的浅蓝色为背景色，代表天空；以渐变的绿色为生态岛颜色，烘托出大自然氛围；自然元素则选用与真实建筑、景象相符的色彩，如太阳为黄色、风车为白色等。

　　本例的参考效果如图4-16所示。

图4-16　节能生态岛插画

操作要点

　　（1）利用画笔工具、画笔库、符号库、形状绘图工具和钢笔工具绘制图形。

　　（2）利用"内发光"命令模拟灯泡发光效果。

　　（3）利用"镜像"命令制作径向重复效果。

操作要点详解

电子书

4.2.1 绘制生态岛场景

　　以蓝天白云为背景，设计拥有青山绿水、花草树木的生态岛场景，并将节能灯泡设计为生态岛上的花朵，采用同构技巧将灯泡内部零件替换为绿色树苗，象征节能举措带来的希望。绘制时可结合使用形状绘图工具、钢笔工具、画笔工具、符号库等，具体操作如下。

微课视频

绘制生态岛场景

　　（1）新建名称为"环保插画"，大小为"1200px×1200px"，分辨率为"150像素/英寸"的文件。使用"矩形工具" □ 绘制与画板等大的正方形，并填充为天蓝色（#96D6F6），按【Ctrl+2】组合键锁定正方形对象，以便后续进行绘制操作。

　　（2）使用"椭圆工具" ○ 绘制一个直径为357px的圆形，然后使用"矩形工具" □ 在圆形下方绘制大小为163px×80px的矩形，两个图形均填充为黄色（#F3DF40），使它们形成灯泡图形，如图4-17所示。

（3）使用"矩形工具" □ 在黄色矩形下方绘制一个较大的白色（#FEFEFE）矩形，然后在其上绘制4条灰色（#E2E2E7）横线，在其下绘制较窄的灰色（#E2E2E7）矩形，形成灯泡底座，如图4-18所示。

（4）选中灯泡的圆形部分，选择【效果】/【风格化】/【内发光】命令，打开"内发光"对话框；选中"中心"单选项，设置模式、不透明度、模糊分别为"正常""75%""60px"，单击 确定 按钮，制作灯泡发光效果，如图4-19所示。

（5）选择"钢笔工具" ✎ ，设置填充为绿色渐变（#19853B～#81BF27）。在灯泡底座顶部偏左位置单击以确认起始锚点，然后在右上方单击并拖曳鼠标以绘制曲线路径，重复操作直到绘制出类似小山丘的弧形；在灯泡底座顶部偏右位置单击，然后将鼠标指针移至起始锚点处，当鼠标指针呈 ◣ 形状时单击以闭合路径，如图4-20所示，绘制出树苗底部。

| 图4-17 灯泡 | 图4-18 灯泡底座 | 图4-19 灯泡发光效果 | 图4-20 绘制树苗底部 |

（6）使用"钢笔工具" ✎ 继续绘制树苗的枝叶部分，适当改变各部分填充色的渐变角度，使树苗每个部分的轮廓都能完整显示，效果如图4-21所示。

（7）使用"钢笔工具" ✎ 在灯泡底座处绘制山形状，填充与树苗相同的渐变颜色，修改渐变角度为"154°"。在"图层"面板中将最下层的山图层拖曳至灯泡所在图层下方，然后在"属性"面板的"外观"栏中设置最下层的山图层的不透明度为"50%"，效果如图4-22所示。

（8）使用"钢笔工具" ✎ 在前方两座山上绘制不规则的受光面，填充与之前相同的渐变颜色，设置混合模式为"滤色"，不透明度为"20%"。

（9）使用"钢笔工具" ✎ 在前方两座山上绘制溪流形状，并填充为蓝色渐变（#96D2D2～#1D9BC1），效果如图4-23所示。

（10）选择"圆角矩形工具" □ ，设置填充为黄绿色（#6DAD45），在山下方绘制大小为1031.5px×113.5px的圆角矩形，作为生态岛地基。使用"选择工具" ▶ 拖曳其内部的边角构件 ◉ 直至圆角半径最大，效果如图4-24所示。

| 图4-21 树苗效果 | 图4-22 山效果 | 图4-23 溪流效果 | 图4-24 地基效果 |

（11）选择"画笔工具" ✐，设置描边粗细为"4pt"，选择【窗口】/【画笔库】/【边框】/【边框_框架】命令，打开"边框_框架"画笔库面板，选择其中的"松木色"选项。按住【Shift】键，在画板中单击并向右拖曳鼠标，绘制一条比地基更长的水平线后释放鼠标左键，然后使用"选择工具" ▶ 将松木色水平线移动到图4-25所示的位置。

（12）使用"圆角矩形工具" ▢ 绘制与地基位置和大小相同的圆角矩形。选择"圆角矩形工具" ▢，按住【Shift】键，依次单击该圆角矩形和松木色水平线，将二者同时选中，再按【Ctrl+7】组合键建立剪切蒙版，效果如图4-26所示，制作出地基内部的地质结构截面。

（13）选择【窗口】/【符号库】/【3D 符号】命令，打开"3D 符号"符号库面板，选择其中的"太阳"选项，将该符号拖曳到画板中，调整其大小和位置，如图4-27所示。

（14）在"属性"面板下方的"快速操作"栏中单击 编辑符号 按钮，进入符号编辑模式。再次单击画板中的"太阳"符号，此时"属性"面板的"外观"栏中的"选取效果"按钮 ƒx. 右侧将显示该符号运用的效果，单击该效果右侧的"删除效果"按钮 ⬚。双击画板，退出符号编辑模式，可发现"太阳"符号已没有3D效果，变为扁平风格，效果如图4-28所示。

图4-25　绘制水平线　　图4-26　制作地质结构截面　　图4-27　添加符号　　图4-28　编辑符号效果

（15）综合使用"椭圆工具" ⬭ 和"圆角矩形工具" ▢ 绘制多个白色云朵，效果如图4-29所示。

（16）同时选中所有白色云朵，按【Ctrl+G】组合键编组，在"属性"面板的"外观"栏中设置不透明度为"70%"，混合模式为"柔光"，效果如图4 30所示。

图4-29　绘制白色云朵效果　图4-30　柔光半透明效果

4.2.2　绘制建筑和植物

　　为体现节约能源的理念，可在岛上绘制风力发电风车、拥有太阳能发电设备的房屋，以及发电厂用于节水的冷却塔。生态岛周围还可以适当添加花朵、绿草等装饰图形。在进行花朵图形创意时，考虑将花朵图形置换为贴有可循环标志的电插头，从细节之处体现节能主题与环保理念。具体操作如下。

微课视频

绘制建筑和植物

　　（1）使用"椭圆工具" ⬭ 在灯泡右侧分别绘制大小为30.5px×30.5px、19.7px×19.7px的圆形，使其构成同心圆，均填充为灰蓝色到白色的渐变（#C2D8E2～#FFFFFF），设置渐变角度分别为"-180°""0°"。

（2）使用"钢笔工具" 在同心圆下方绘制风车柱子，将其填充为与较大圆形相同的渐变颜色，并将柱子移到山后方，如图4-31所示。

（3）使用"钢笔工具" 在圆形上方绘制一片扇叶，将其填充为灰色到白色的渐变（#D4DCE6~#FFFFFF），如图4-32所示。选择【对象】/【重复】/【径向】命令，"属性"面板中将显示"重复图选项"栏，在其中设置实例数、半径分别为"3""60px"，然后调整扇叶整体的位置和角度，如图4-33所示。

（4）选中同心圆中的小圆形，按【Shift+Ctrl+]】组合键将其置于顶层，然后同时选中组成风车的所有图形，按【Ctrl+G】组合键编组。复制风车到其他两处位置，适当调整风车大小和扇叶角度，效果如图4-34所示。

| 图4-31 绘制柱子 | 图4-32 绘制扇叶 | 图4-33 制作重复扇叶 | 图4-34 复制风车效果 |

（5）综合运用"钢笔工具" 、"椭圆工具" 、"矩形工具" 、"圆角矩形工具" 绘制其他建筑，效果如图4-35所示。

（6）使用"钢笔工具" 在画板外绘制植物茎叶，并在茎叶顶端绘制类似电插头的形状，作为花朵。置入"可循环标志.png"素材，缩小标志并将其移动到电插头形状上，效果如图4-36所示。

（7）编组植物，将其复制到生态岛上，调整其大小和位置。可适当改变电插头形状和植物茎叶的方向，效果如图4-37所示。

| 图4-35 绘制其他建筑效果 | 图4-36 绘制植物效果 | 图4-37 复制植物效果 |

（8）选择【窗口】/【符号库】/【自然】命令，打开"自然"符号库面板，选择其中的"草地4"选项，将该符号拖曳到地基上。多拖曳几个草地符号到地基上，调整其大小和位置，直至将绿色地基铺满。编组所有草地符号，将该编组图层移到地质结构截面下层，效果如图4-38所示。

（9）选择【窗口】/【画笔库】/【装饰】/【典雅的卷曲和花形画笔组】命令，打开"典雅的卷曲和花形画笔组"画笔库面板，选择其中的"藤蔓"选项。选择"画笔工具" ，设置描边为深绿色（#16863B），描边粗细为"0.45pt"，在灯泡表面绘制装饰藤蔓，适当调整其大小和位置，效果如图4-39所示。

（10）选择"画笔工具" ，设置描边为绿色（#1EA055），在"典雅的卷曲和花形画笔组"画笔库面板中选择"城市"选项，在画板中绘制一条较短的水平线，得到一个水平的城市建筑图形。复制该图形，适当调整其大小和位置。在"图层"面板中调整两个城市建筑图形所在图层的顺序，使其位于前两个山图形所在图层的下方，最终效果如图4-40所示。

图4-38　草地效果　　　　　图4-39　藤蔓效果　　　图4-40　最终效果

4.3　实战案例：设计篮球少年插画

　　某运动品牌决定推出一系列以"篮球梦想启航"为主题的卡通插画，旨在通过生动有趣的视觉形象，传达品牌对青少年篮球梦想的支持与鼓励，增强品牌与年轻消费群体的情感连接。现需为该品牌以篮球少年为核心设计插画，具体要求如下。

　　（1）少年形象要符合青少年审美，传递积极的态度。

　　（2）插画中需要体现篮球元素，以充分表达主题。

　　（3）插画尺寸为280px×400px，分辨率为150像素/英寸。

设计思路

　　（1）人物设计。设计穿着篮球运动服的少年卡通人物，面带笑容，一手拿着篮球，一手竖起大拇表示点赞。

　　（2）背景设计。设计竖向的不规则背景板，并制作"篮球少年"标签，在下方绘制篮球作为装饰元素。

　　本例的参考效果如图4-41所示。

图4-41　篮球少年插画

操作要点

　　（1）使用铅笔工具、曲率工具、钢笔工具、形状绘图工具绘制篮球少年插画。

　　（2）使用平滑工具、剪刀工具、美工刀工具、连接工具调整并优化路径。

操作要点详解

电子书

4.3.1　绘制背景和篮球

微课视频

绘制背景和篮球

以篮球的常见色彩和"篮"字为灵感，采用橙色和深蓝色的搭配绘制背景板和标签。由于背景大多为流畅的曲线，相较于钢笔工具，使用曲率工具更能提高效率。具体操作如下。

（1）新建名称为"篮球少年插画"，大小为"280px×400px"，分辨率为"150像素/英寸"的文件。使用"矩形工具" □ 绘制与画板等大的矩形，填充为深蓝色（#16406F），按【Ctrl+2】组合键锁定矩形对象，以便后续进行绘制操作。

（2）选择"曲率工具" ✐，设置填充为米色（#F7F2E2），在画板的右下角单击以确定起始的平滑锚点，移动鼠标指针并单击以确定第2个平滑锚点，再移动鼠标指针可发现路径的预览形状为曲线，单击以确定第3个平滑锚点，如图4-42所示。

（3）移动鼠标指针并单击以确定第4个平滑锚点，然后将鼠标指针移至该锚点上，当鼠标指针变为 ▶ 形状时双击，可将该平滑锚点转换为尖角锚点，之后移动鼠标指针可发现路径的预览形状变为直线，如图4-43所示。

（4）使用步骤（2）和步骤（3）的方法，绘制出图4-44所示的背景图形。复制该图形并向左下方移动，修改复制后图形的填充为橙色（#D87341），效果如图4-45所示。

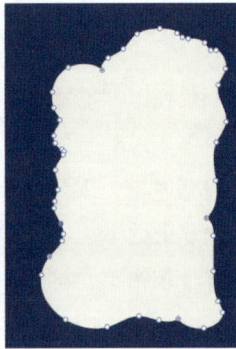

图4-42　确定平滑锚点　　图4-43　确定尖角锚点　　图4-44　绘制背景图形　　图4-45　复制背景图形

（5）使用"矩形工具" □ 在背景图形右上方绘制大小为51px×196px的深蓝色矩形，如图4-46所示。拖曳矩形内部的边角构件，将矩形调整至图4-47所示的状态。

（6）选择"直排文字工具" ⅠT，在"属性"面板的"字符"栏中设置字体、字号、字距分别为"方正粗圆简体""37 pt""50"，在深蓝色矩形中输入"篮球少年"文字，设置填充为米色（#F7F2E2），如图4-48所示。

（7）在文字上单击鼠标右键，在弹出的快捷菜单中选择【变换】/【倾斜】命令，打开"倾斜"对话框，设置倾斜角度为"15°"，单击 确定 按钮，效果如图4-49所示。

（8）通过文字的定界框调整文字的位置和旋转角度，效果如图4-50所示。

（9）使用"椭圆工具" ○ 在背景图形右下角绘制一个大小为64.5px×64.5px的米色圆形。选择"美工刀工具" ✐，从圆形上方向右下方拖曳，如图4-51所示，释放鼠标左键即可按照拖曳轨迹分割圆形。

（10）使用步骤（9）的方法分割圆形，制作出图4-52所示的效果。编组分割后的所有形状，在控制栏中设置描边为橙色（#D87341），描边粗细为"1pt"，效果如图4-53所示，制作出篮球纹路。

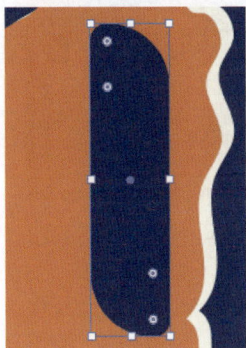

| 图4-46　绘制矩形 | 图4-47　调整矩形 | 图4-48　输入文字 | 图4-49　倾斜文字 |

| 图4-50　调整文字 | 图4-51　分割圆形 | 图4-52　分割效果 | 图4-53　描边效果 |

4.3.2　绘制卡通人物

在Illustrator中直接绘制卡通人物的难度较大，为了提高工作效率，可先在纸上绘制手稿，设计好卡通人物的姿态、衣服、表情等，然后将手稿导入Illustrator，再依据手稿绘制轮廓。具体操作如下。

（1）导入"人物手稿.ai"素材，将其移动到背景板左侧，设置混合模式为"滤色"，以便查看线稿在不同颜色背景中的显示效果，如图4-54所示。在"图层"面板底部单击"创建新图层"按钮田，在"图层1"上方新建"图层2"，将线稿移到"图层2"中，按【Ctrl+2】组合键锁定，此后绘制时线稿将永远处于顶层，这样做便于查看线稿且不会误操作到线稿。

（2）选择"图层1"，使用"曲率工具" 在该图层中沿着线稿绘制头部，设置填充为肤色（#F6D3C0），如图4-55所示。

（3）使用"钢笔工具" 绘制头发，设置填充为黑色，如图4-56所示。

（4）使用"钢笔工具" 绘制发带和头发下方的阴影，分别填充为浅黄色（#F9DAAD）、深肤色（#EBB397），并将阴影图层移至头发图层下方，如图4-57所示。

图4-54　导入手稿　　　图4-55　绘制头部　　　图4-56　绘制头发　　图4-57　绘制发带和阴影

操作小贴士

　　在使用"钢笔工具" ✐绘制复杂图形的过程中，若想删除锚点，可将鼠标指针移至相应锚点上，当鼠标指针变为 ▸ 形状时单击。将鼠标指针移至路径中想要添加锚点的位置，当鼠标指针变为 ▸ 形状时单击，可在该处添加锚点。若绘制的锚点和路径不符合需求，可按住【Ctrl】键，单击锚点，然后拖曳锚点及其控制柄，从而改变路径形状。

　　（5）使用相似的方法绘制面部器官，效果如图4-58所示。

　　（6）使用"曲率工具" ✐绘制上半身皮肤，可不绘制被衣服遮住的部分，从而提高绘制效率，如图4-59所示。

　　（7）选择"剪刀工具" ✂，先在头部路径与脖子相连的两处依次单击，分割出该段路径，然后选中该段路径，按【Delete】键将其删除，此时头部路径变为开放路径。使用相似的方法处理上半身路径，使其变为开放路径，如图4-60所示。

　　（8）选择"连接工具" ✐，将鼠标指针移到头部路径左侧的开放端点上，将其拖动到上半身路径左侧的开放端点上，释放鼠标左键，即可将两条路径连接为一条路径。

　　（9）使用相似的方法连接右侧的两处开放端点，并适当调整连接后的路径锚点，然后将连接后的图层移至阴影图层下方，效果如图4-61所示。

图4-58　绘制面部器官　　图4-59　绘制上半身　　图4-60　断开路径　　　图4-61　连接路径

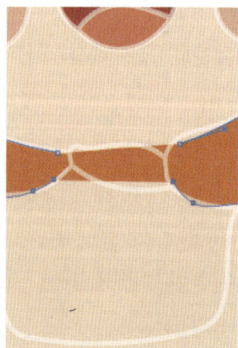

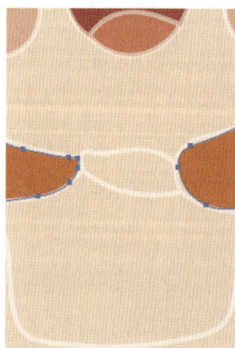

　　（10）使用相似的方法绘制上半身衣服、下半身衣服，以及肩膀、脖子、衣服上的阴影，效果如图4-62所示。此时，发现一只手被衣服形状挡住，可使用"美工刀工具" ✐在手臂处

分割形状，再将被挡住的形状移至顶层，效果如图4-63所示。

（11）用相似的方法绘制腿部、鞋子和阴影，效果如图4-64所示。

（12）使用"椭圆工具" ○ 在手掌上方绘制一个大小为52px×52px的圆形，填充为红棕色（#D37A45），然后使用"钢笔工具" ✒ 绘制光影色块，填充为棕褐色（#B4622E），如图4-65所示。

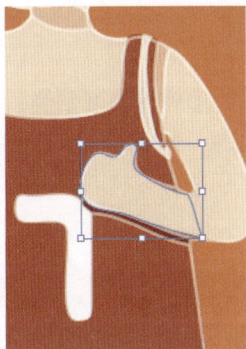

图4-62　绘制衣服和阴影　　图4-63　调整手臂　　图4-64　绘制腿部、鞋子和阴影　　图4-65　绘制篮球

（13）使用"铅笔工具" ✏ 在篮球上绘制4条纹路，设置描边为深棕色（#924B2F），描边粗细为"1pt"，变量宽度配置文件分别为"宽度配置文件1""宽度配置文件2"，此时手稿所有部分都已绘制完毕。隐藏手稿图层，以更直观地查看纹路效果，如图4-66所示。

（14）使用"铅笔工具"绘制的纹路路径锚点太多，导致线条不流畅，可使用"平滑工具" ✐ 涂抹纹路路径，以减少锚点并使线条更加平滑，如图4-67所示。使用相似的方法在另一个方向上绘制一条纹路，并适当调整这些纹路的长度、位置和弧度。

（15）在篮球处绘制一个与篮球位置和大小相同的圆形，同时选中该圆形和篮球上的所有细节图形，按【Ctrl+7】组合键建立剪切蒙版，效果如图4-68所示。

（16）查看人物整体效果，并适当调整路径和锚点，使其更加美观，还可将不同部位的图形分别编组，以便进行管理，最终效果如图4-69所示。

图4-66　纹路效果　　图4-67　平滑线条　　图4-68　建立剪切蒙版　　图4-69　最终效果

4.4 拓展训练

实训 1　设计风景插画

实训要求

（1）为白色T恤设计风景插画，以灯塔为主体，展现其周围宁静、和谐的自然风光。

（2）采用现代简约、扁平的风格，色彩搭配自然、和谐。

（3）插画尺寸为1000px×700px，分辨率为150像素/英寸。

操作思路

（1）绘制天空、山丘、白云、圆月等背景元素，并为月亮添加"外发光"效果。

（2）先绘制一座较矮的房屋，再绘制高大的灯塔，然后在山丘上绘制一些树木。

（3）绘制房屋屋顶的投影和树木在地面上的投影，然后在天空中绘制一些抽象的装饰元素，以增强现代感。

（4）导入T恤素材，将整个插画编组，制作T恤展示效果。

具体设计过程如图4-70所示。

①绘制背景　　②绘制建筑和植物　　③绘制细节和装饰　　④制作T恤展示效果

图4-70　风景插画设计过程

实训 2　设计毕业季校园插画

实训要求

（1）围绕"校园毕业季"主题进行插画创作，捕捉那些令人难忘的校园瞬间，同时体现毕业生对梦想与未来的无限向往。

（2）插画尺寸为500px×500px，分辨率为150像素/英寸。

✍ **操作思路**

（1）绘制蓝色矩形作为天空，再绘制白云装饰天空。

（2）绘制毕业生们向天空抛出学士帽和毕业证书的庆祝场景，传递释放、庆祝和愉悦的感觉，以及对未来的期待。

（3）绘制彩色气球、飘落的多彩纸屑等装饰元素，以增添喜庆氛围，体现青春的活力。

（4）输入"2024 我们毕业啦"主题文字，并在文字下绘制黄色底纹，以凸显主题。

具体设计过程如图4-71所示。

①绘制天空背景　　　②绘制毕业季元素　　　③绘制装饰元素　　　④添加主题文字

图4-71　毕业季校园插画设计过程

实训 3　设计立春月历插画

📋 **实训要求**

（1）某饮品品牌计划使用一套插画月历作为会员专属赠品，目前已设计到2月月历。鉴于2月恰逢立春时节，因此需要设计一幅体现春天的生机勃勃与品牌特色的插画。

（2）插画采用可爱、活泼的风格，色彩搭配鲜艳、明亮，展现主角悠然品饮的场景。

（3）插画尺寸为500px×500px，分辨率为150像素/英寸。

✍ **操作思路**

（1）绘制蓝天白云作为背景，添加飞舞的花朵、星形、圆点等装饰元素进行点缀，使画面更加活泼。

（2）在画板左下角和右下角分别绘制绿色植物和盛开的花朵，可使用镜像提升效率。

（3）在植物中间绘制一个拿着饮料的可爱女生，为女生设计花朵形状的发夹和碎花裙。

（4）输入"Hello Spring"主题文字，然后导出插画，制作月历应用效果。

具体设计过程如图4-72所示。

①绘制背景　　　②绘制植物和花朵　　　③绘制人物并输入文字　　　④制作月历应用效果

图4-72　立春月历插画设计过程

4.5　AI辅助设计

神采 PromeAI　根据线稿渲染插画

神采PromeAI具有草图渲染功能，可以根据用户上传的手绘草图、照片或建模软件的截图，结合用户设定的参数、风格等进行色彩和光影的渲染处理，从而生成栩栩如生的设计作品。例如，使用神采PromeAI渲染小兔子插画草图。

草图渲染

使用方式：上传草图。

主要参数：模式、风格、提示词等。

模式：图片生成／草图渲染。

风格：插画／儿童。

提示词：小兔子在森林中。

上传草图：

示例效果如下。

通义万相　设计游戏场景插画

通义万相是阿里云推出的通义系列中的AI绘画创作大模型，旨在通过机器学习、深度学习以及自然语言处理技术，为用户提供强大的图像生成与编辑功能，具备丰富的风格预设、光线预设、材质预设、渲染预设、色彩预设、构图预设、视角预设等，以满足用户多样化的图像创作要求。通义万相主要有以下三大核心模式。

- **文本生成图像**。用户只需输入简洁的文字描述，模型就能生成与描述相符的图像。这极大地满足了不具备专业绘图技能的用户创造个性化视觉内容的需求。
- **相似图像生成**。能够基于用户提供的参考图像，生成风格、布局或内容相似但又有所变化的新图像，适用于需要快速迭代设计或探索图像变化效果的用户。
- **图像风格迁移**。允许用户将一种艺术风格应用到另一张图像上，实现跨风格的图像转换，比如将照片转换成油画、水彩画等风格，提高图像处理的趣味性和创造性。

例如，使用通义万相为游戏场景设计插画。

文生图

使用方式：输入关键词＋添加咒语＋设置创意模板＋选择尺寸。
关键词描述方式：主题＋地点＋背景＋主要元素＋氛围＋色彩＋光线＋风格。
咒语书类别：光线、渲染、视角。

模式：创意作画／文本生成图像／万相1.0通用。
关键词描述：游戏场景，神圣仙境，云雾缭绕，山峰叠嶂，星辰璀璨，悬浮于空中的宫殿、楼阁，悬浮的山石，华丽的装饰与精致的雕刻，溪水灵泉，华丽的色彩，梦幻唯美，仙侠奇幻，细腻。
咒语书：光线／氛围光照，渲染／虚幻引擎，视角／广角镜头。
创意模板：风格／厚涂原画。
生成比例：16：9。
示例效果如下。

👆 拓展训练

请为《动物知识趣味科普》儿童绘本设计插画，要求先绘制一张卡通动物草图，将其上传到神采PromeAI，再运用草图渲染功能生成卡通动物插画。

4.6 课后练习

1. 填空题

（1）_____风格是以简洁线条、鲜明色彩、极简设计为特点的插画风格，通常使用加粗的深色线条描边，并在描边中适当断开。

（2）透视在插画中主要通过_____、_____、_____这3个方面表现空间感和层次感。

（3）在为插画中的对象建立造型时，需要先建立_____轮廓。

（4）插画设计的基本流程包括_____、_____、_____、_____。

（5）选择_____命令，可以径向复制所选对象。

2. 选择题

（1）【单选】当主光源与物体的颜色冷暖不同时，阴影部分要加入一定的主光源颜色的（   ）。

A. 同类色 　　　　　B. 互补色 　　　　　C. 对比色 　　　　　D. 近似色

（2）【单选】（   ）兼具绘制与编辑路径、转换锚点类型的功能。

A. 美工刀工具 　　　B. 剪刀工具 　　　　C. 钢笔工具 　　　　D. 曲率工具

（3）【单选】使用（   ）处理路径，可使闭合路径变为开放路径。

A. 美工刀工具 　　　B. 剪刀工具 　　　　C. 钢笔工具 　　　　D. 曲率工具

（4）【多选】通义万相的核心模式有（   ）。

A. 文本生成图像 　　B. 图文生成视频 　　C. 图像风格迁移 　　D. 相似图像生成

（5）【多选】三大面是光照射在物体上形成的3种面，包括（   ）。

A. 亮面　　　　　　B. 暗面　　　　　　C. 灰面　　　　　　D. 明暗交界面

（6）【多选】绘制复杂的插画图形时，可以使用（　　）等绘图工具。

A. 画笔工具　　　　B. 钢笔工具　　　　C. 铅笔工具　　　　D. 曲率工具

3. 操作题

（1）根据提供的《休闲茶饮》杂志封面文字版式素材来设计封面插画，绘制出人物喝茶的场景，色彩搭配统一和谐，具有文艺感，参考效果如图4-73所示。

（2）绘制中秋节主题的节日插画，要求适用于月饼包装、宣传广告设计，插画尺寸为700px×700px，分辨率为150像素/英寸，添加与中秋节相关的元素，营造美好、温暖的中秋节氛围，参考效果如图4-74所示。

（3）使用通义万相生成卡通男孩插画，要求构图为正面肖像，具有真实感和氛围感，参考效果如图4-75所示。

图4-73　杂志封面插画

图4-74　中秋节插画

图4-75　卡通男孩插画

Ai

第 **5** 章

VI 设计

VI 设计被广泛应用于企业、品牌的形象塑造。图形创意在当代 VI 设计中的应用越来越广泛，如通过艺术化的图形创意设计，具象地体现 VI 设计的内容、主题和创意，让受众从视觉上直观感知到企业或品牌气质、产品风格、行业特性等。优秀的 VI 设计作品通过将创意思维表现为独特、贴切而精巧的图形，塑造出具有强烈感染力的视觉形象，从而有效促进企业或品牌与受众之间的交流。

学习目标

▶ **知识目标**

◎ 熟悉 VI 设计的主要内容，包括标志、标准字、标准色、辅助图形和应用场景。
◎ 熟悉 VI 图形的创意原则与技巧。

▶ **技能目标**

◎ 能够从专业的角度为不同企业、品牌进行 VI 设计。
◎ 能够使用 Illustrator 制作 VI 基本要素和应用系统。
◎ 能够借助 AI 工具辅助进行 VI 设计。

▶ **素养目标**

◎ 培养设计思维、理解与分析能力，能准确捕捉企业和品牌的内涵和特点，并将其转化为视觉语言。
◎ 在保持统一性的基础上融入创意，使 VI 设计既具有辨识度又富有新意。

学习引导

STEP 1　相关知识学习　　建议学时：__1__学时

课前预习	1. 扫码了解VI设计的概念和原则，建立对VI设计的基本认识。 2. 在网络上搜索并欣赏不同风格的VI设计案例，提升VI设计的审美水平。
课堂讲解	1. VI设计的主要内容。 2. VI图形的创意原则与技巧。
重点难点	1. 学习重点：标志、标准字、标准色等VI设计主要内容。 2. 学习难点：VI设计中标志图形和辅助图形的创意方法。

课前预习

电子书

STEP 2　案例实践操作　　建议学时：__2__学时

实战案例	1. 设计物流企业VI基本要素。 2. 设计物流企业VI应用系统。	**操作要点**	1. "网格"命令。 2. 尺寸工具、自由变换工具、"拱形"命令。

案例欣赏

STEP 3　技能巩固与提升　　建议学时：__2__学时

拓展训练	设计水果店品牌VI。
AI 辅助设计	1. 使用Midjourney设计咖啡品牌VI标志。 2. 使用即梦AI生成科技公司名片。
课后练习	通过练习题巩固行业知识，提升设计能力与实操能力。

5.1 行业知识：VI设计基础

在竞争激烈的市场环境中，企业和品牌为提升知名度和加强形象，经常通过VI设计制作出统一且贴合自身形象的标志、色彩、文字等视觉符号，以传达企业理念、文化、服务等内容，有的还会融入图形创意让VI设计脱颖而出，给受众留下深刻印象。

5.1.1 VI设计的主要内容

VI设计是一个从全局系统性思考的过程，包含多个视觉识别内容，如标志、标准字、标准色等，这些内容通常都具有统一性和规范性。

● **标志**。标志能直观地展现企业或品牌形象，是VI设计的核心和基础。标志以图形符号或文字为主体，具有独特性，便于识别，能够快速且准确地传递企业或品牌的重要信息和内涵，如图5-1所示。

中国邮政标志
该标志是"中"字与邮政网络形象的结合，其中融入了翅膀造型，寓意为"鸿雁传书"；标志以平行线为主，代表秩序与四通八达；将竖线稍微向右倾斜，以表示方向与速度感。

图5-1　中国邮政标志

● **标准字**。标准字是根据企业或品牌名称及其主要经营内容而创作的，专门用于展现企业名称或者品牌形象的文字，通常为某种特殊字体或字体变体，主要有中文标准字体与西文标准字体两种类型，并具有一定风格和独特性，如图5-2所示。

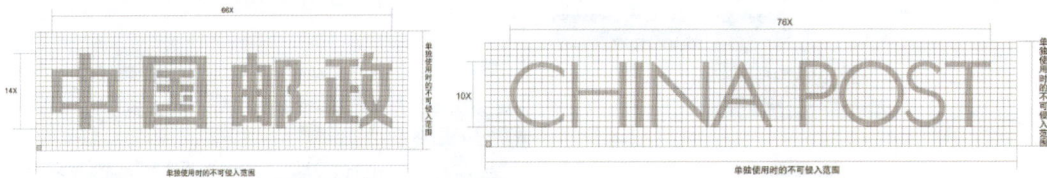

图5-2　中国邮政的中英文标准字

● **标准色**。标准色是指为塑造独特的企业形象而使用的某一特定色彩或色彩系统，如图5-3所示。在VI设计中，使用不同的色彩有助于传达企业的经营理念和产品特质。

● **辅助图形**。辅助图形主要用于在设计中辅助标志、标准字与标准色的表达。设计辅助图形时应注意主次、对比等关系，力求衬托主体并使辅助图形与主体保持完整统一，从而增强图形的视觉吸引力。

● **应用场景**。完成基础的VI设计后，可将设计成果运用到品牌与企业的相关产品（如名片、便笺、信封、工作证、文件袋、纸杯、票据、合同规范模板等）中，这些应用场景都是品牌与企业文化的载体，影响着人们对品牌与企业形象的认知。设计人员应根据实际情况和需求进行设计，注意效果要统一。中国邮政VI设计的部分应用场景如图5-4所示。

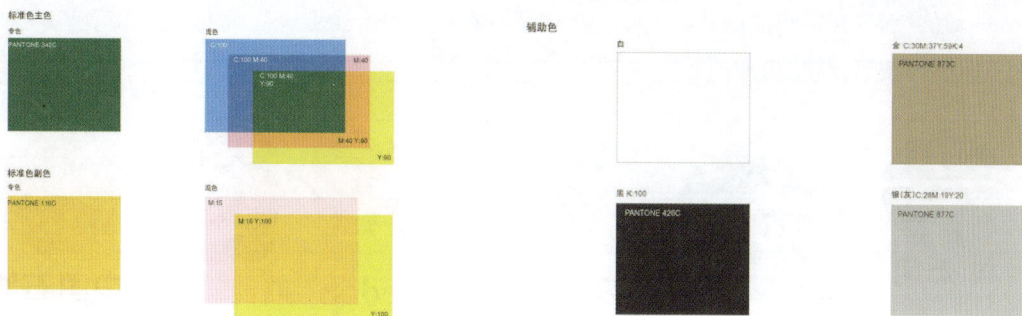

图5-3　中国邮政的标准色

图5-4　中国邮政VI设计的部分应用场景

5.1.2 VI图形的创意原则与技巧

VI设计中的图形主要有标志图形和辅助图形两大类，这两类图形通过创意设计，能使VI内容、主题更加形象化、生动化，使受众更易感知企业或品牌气质、产品风格、行业特性等。

1. 标志图形创意

标志图形既是企业或品牌的象征符号，也是其产品、服务在性质和品质等方面的代表性图形符号，其创意原则主要有以下3点。

- 标志图形要具有独特性、可识别性，集中反映企业或品牌的特点，使受众能明确区分企业或品牌自身与其他同类型竞争对手。
- 标志图形要符合时代的审美特征，能被多数人接受。
- 标志图形通常需要能广泛、便利地应用于多种场景，因此设计人员要考虑到其在不同应用场景中的表现效果，避免使应用过于复杂、应用成本过高。

标志图形的主要作用是传达理念和特色。设计人员在设计标志图形时可以根据企业、品牌的名称和所在行业，采用具象化或抽象化技巧进行设计。

- 具象化设计。从现实世界存在的素材中选择与标志主题相关的图形，对其进行提炼和加工，组成新的标志图形，如图5-5所示。这样的图形具有生动形象的特点，还能对主题起到直观的说明作用。
- 抽象化设计。运用重复、变形、对称、发射、分解、组合等图形创意方法，将点、线、面等元素组成虽然在现实世界中不存在，但符合企业、品牌的气质和行业特性的标志图形，如图5-6所示。

图5-5   具象化设计的标志图形

图5-6   抽象化设计的标志图形

2. 辅助图形创意

辅助图形可以适应种类繁多的VI应用场景，使VI设计应用效果既保持统一，又有一定的变化。虽然辅助图形的设计形式千差万别，并根据不同的应用场景呈现出不同的大小、排列、色彩变化，但仍有以下几个通用的创意原则。

- 辅助图形的造型与风格需要关联、贴合企业或品牌形象，使企业或品牌的风格特征更加鲜明突出。
- 虽然辅助图形可以变化，但应与标志图形一样具有稳定的形态特征，并且同一主题下的辅助图形需要相互关联。
- 在形态、风格和气质方面，辅助图形要有较强的可识别性和鲜明的个性。
- 在设计辅助图形时，设计人员应尽可能地使其个性特征简化、抽象化、概括化，以便受众识别和记忆。

辅助图形既可以是从企业标志图形衍生变化出的抽象纹样图形，也可以是根据企业特性专门设计的，具有个性特征、抽象或具象的图形。设计辅助图形时可以使用以下技巧。

- **提取标志图形的局部**。采用轮廓提取、放大、旋转、色彩淡化、分解或重复排列等方法提取标志图形的局部，在增强视觉感受的基础上，进行多种形式的组合，如图5-7所示。
- **将标志图形中的部分元素和其他个性化元素相结合**。例如，用简洁、抽象的辅助线作为装饰，或对标志图形在大小、空间上进行一定的延伸变化，以弥补标志图形在某些应用场景中的不足，从而使二者在形式上更好地联合起来打造VI。图5-8所示的VI设计将标志图形中的拼图元素与花朵图形相结合，从而设计出辅助图形。

图5-7   提取标志图形的局部来设计辅助图形

图5-8   结合标志图形和其他元素设计辅助图形

- 重新打造与标志图形强关联，但更具感染力的辅助图形。原有标志图形在变成辅助图形时，在美感和生动性方面可能会有所不足，这时可以联系相关图形，再将它们设计为辅助图形。
- 重新打造与标志图形不相关，但与品牌、企业、行业及其风格、气质相关的辅助图形。该技巧通常用在仅有文字标志的情况下，根据品牌或企业的文化和经营特色，寻找具有象征意义的视觉符号，以丰富企业或品牌的视觉形象，辅助受众认知企业或品牌。

5.2 实战案例：设计物流企业VI基本要素

案例背景

　　蓝达物流企业以"跨越海洋 | 精准物流 | 通达全球"为理念，以专业的海运业务为主，兼营陆运等其他物流业务。随着企业规模的扩大与影响力的提升，蓝达物流企业决定全面升级VI，以进一步强化企业形象，提高市场竞争力。具体要求如下。

（1）设计VI基本要素，包括企业标志、标准字、标准色、辅助图形。

（2）设计与企业形象相符的字体和色彩，字体清晰易读，色彩风格统一。

（3）标志图形简洁明了，符合企业定位，辅助图形的设计应围绕企业标志展开。

（4）文字精练、识别度高，能够准确体现企业的海运优势与专业的物流服务。

设计思路

　　（1）标志图形构思。采用简洁、现代化的风格，以船帆、船身图形组成的图形为主要形象，填充与大海相关的蓝色，以直观地体现海上运输业务的特点，同时展现企业的快速发展。利用倾斜的线条营造强烈的动感和速度感，体现该物流企业追求高效服务的特点。

　　（2）辅助图形构思。可绘制极简的船帆作为辅助图形，也可通过重复、镜像、交错排列等方法制作纹理效果，还可放大标志图形局部，或抽取部分图形作为分隔线。

　　本例的参考效果如图5-9所示。

图5-9　物流企业VI基本要素

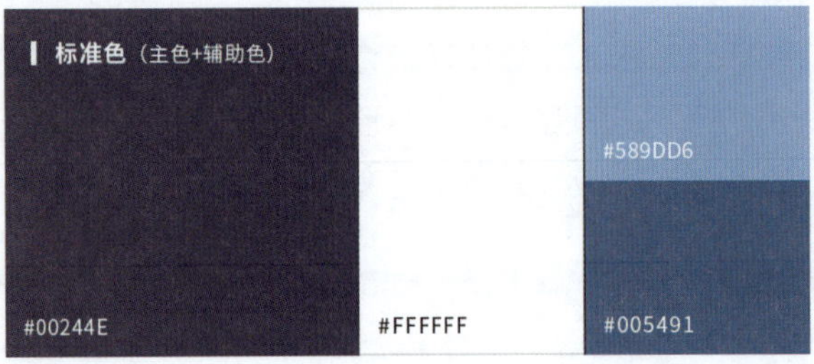

图5-9　物流企业VI基本要素（续）

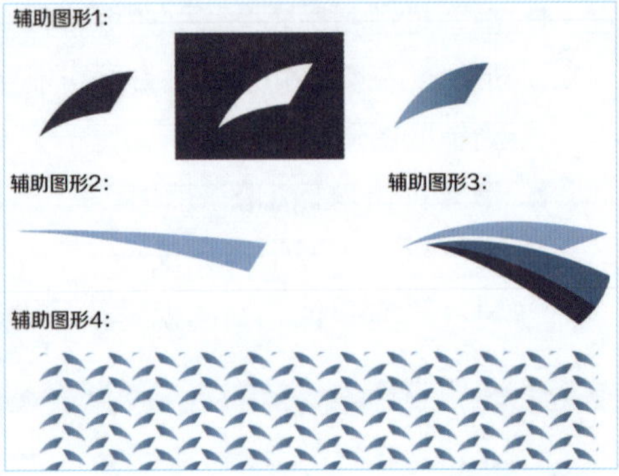

操作要点

（1）运用钢笔工具、路径查找器绘制标志图形和辅助图形。

（2）运用文字工具输入并设置文字。

（3）运用"网格"命令制作纹理图案。

操作要点详解

电子书

5.2.1 设计企业标志

先使用钢笔工具绘制不同蓝色的层叠的船帆，以及船身的抽象化图形，然后使用文字工具在下方添加企业名称和理念文字，进一步强调企业的服务特点和业务范围。完成标志设计后，还可为标志设计不同的配色，以便客户选用和后续使用。具体操作如下。

微课视频

设计企业标志

（1）新建名称为"标志"，大小为"300px×300px"，颜色模式为"CMYK 颜色"，分辨率为"300像素/英寸"的文件。

设计大讲堂

VI设计文件大多使用CMYK颜色模式，因为VI的应用通常涉及印刷，如名片、信封、信纸、便笺、工作证、出入证、服饰用品、环境导视系统、礼赠附属品等。印刷品的颜色是通过将颜料、油墨等涂抹或印刷在物体上形成的，由C（Cyan，青色）、M（Magenta，洋红色）、Y（Yellow，黄色）和K（Black，黑色）按照不同百分比混合产生各种印刷色，这4种基本色通常被称为印刷四色。但如果VI设计主要用于数字媒体展示，如网站、移动应用、电子屏幕等，则RGB颜色模式更为合适。

（2）使用"钢笔工具"绘制标志图形，分别填充为不同深浅的蓝色（#589DD6、#005491、#00244E、#589DD6），如图5-10所示。

（3）在蓝黑色（#00244E）图形右端，使用"钢笔工具"绘制4个宽度递增的灰色平行四边形，如图5-11所示。

（4）同时选中4个灰色平行四边形和蓝黑色（#00244E）图形，在"属性"面板的"路径查找器"栏中单击"减去顶层"按钮，效果如图5-12所示。

（5）选择"文字工具"，在标志图形下方分别输入企业名称和理念文字，设置字体分别为"方正正粗黑简体""方正正准黑简体"，文字颜色均为"#00244E"，字号分别为"36pt""11pt"，字距分别为"50""200"，效果如图5-13所示。

图5-10　绘制标志图形　图5-11　绘制平行四边形　图5-12　减去顶层　　图5-13　文字效果

（6）新建图层，在画板上方绘制白色矩形，复制标志图形到该矩形中。使用"文字工具"在标志图形下方输入企业英文名，设置字体为"方正正粗黑简体"，字号为"25pt"，文字颜色为"#00244E"。

（7）在文字上单击鼠标右键，在弹出的快捷菜单中选择【变换】/【倾斜】命令，打开"倾斜"对话框，设置倾斜角度为"15°"，单击　确定　按钮，效果如图5-14所示。

操作小贴士

　　倾斜操作可以将选择的对象向各个方向倾斜，还可以使对象产生斜切变形的效果。也可以选择"倾斜工具"后拖动鼠标，以对象的中心点为固定点倾斜对象，鼠标指针右侧会显示倾斜角度，拖曳鼠标到合适的角度后释放鼠标左键即可倾斜对象。若将鼠标指针移动到对象的中心点上拖动鼠标，可改变中心点的位置。

（8）新建图层，在画板左侧绘制蓝黑色（#00244E）矩形，复制标志到该矩形中，设置标志的填充色均为白色，修改上方第2个图形的不透明度为"70%"，效果如图5-15所示。

（9）使用步骤（8）的方法，分别制作深蓝色（#005491）、蓝色（#589DD6）背景下的白色标志效果，如图5-16所示。

图5-14　倾斜文字　　　图5-15　制作白色标志　　　图5-16　其他标志效果

5.2.2　设计标准字

　　蓝达物流企业正处于全方位升级阶段，因此使用便于识别的标准字十分重要。黑体类字体造型稳重、形体工整、厚实有力，具有醒目的视觉效果，能给人稳重、现代化的感觉，表现出阳刚、正式、庄重等气质，因此可选用黑体类字体进行设计。

为展现蓝达物流企业的活力与包容性，增强亲和力，可选择笔画末端圆润、有弧度的字体，因此这里选择"方正正黑家族"字体系列。

为便于受众快速识别信息，不同内容的文字字体应有细微区别，可根据内容的主次程度选用不同的字体，如图5-17所示。

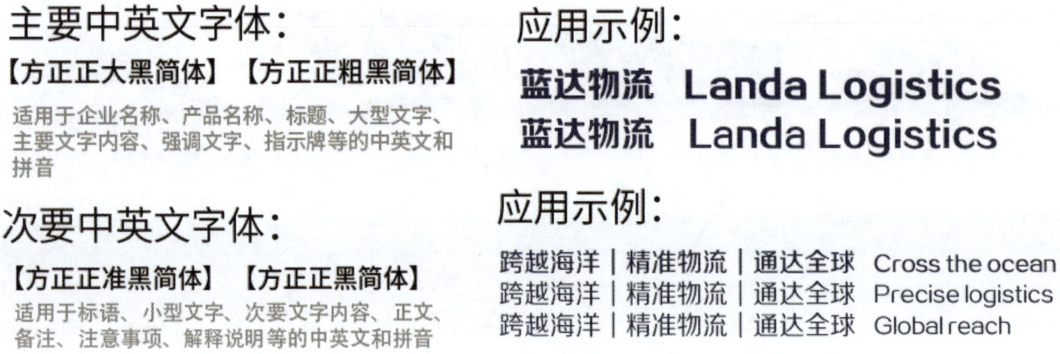

主要中英文字体：
【方正正大黑简体】【方正正粗黑简体】
适用于企业名称、产品名称、标题、大型文字、主要文字内容、强调文字、指示牌等的中英文和拼音

应用示例：
蓝达物流　Landa Logistics
蓝达物流　Landa Logistics

次要中英文字体：
【方正正准黑简体】【方正正黑简体】
适用于标语、小型文字、次要文字内容、正文、备注、注意事项、解释说明等的中英文和拼音

应用示例：
跨越海洋｜精准物流｜通达全球　Cross the ocean
跨越海洋｜精准物流｜通达全球　Precise logistics
跨越海洋｜精准物流｜通达全球　Global reach

图5-17　标准字

5.2.3 设计标准色

蓝达物流企业以海运业务为主，因此该企业的VI设计可采用与大海相关的色彩，以蓝黑色作为主色，强调稳重与正式感。以最亮的白色作为辅助色，调和较暗的主色，同时营造出简洁、现代化的感觉。将深蓝色和蓝色也作为辅助色，但使用率低于白色，仅用于丰富蓝色的层次感，以让人联想到大海、海运。各颜色的标准数值如图5-18所示。

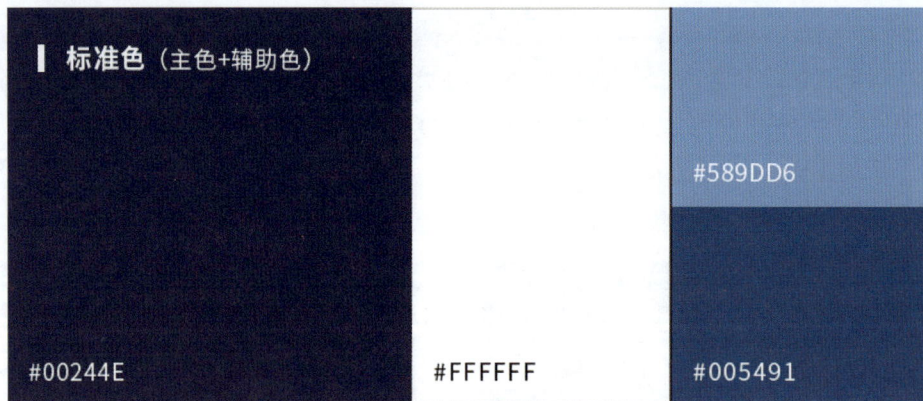

标准色（主色+辅助色）

#589DD6

#00244E　#FFFFFF　#005491

图5-18　标准色

5.2.4 设计辅助图形

微课视频

设计辅助图形

蓝达物流企业VI设计的辅助图形可以根据企业属性和企业标志图形来设计，同时应根据标准色来搭配色彩，设计好图形后还可通过重复操作制作纹理背景效果。具体操作如下。

（1）新建名称为"辅助图形"，大小为"1000px×1000px"，颜色模式为

"CMYK 颜色"，分辨率为"300像素/英寸"的文件。

（2）选择"钢笔工具" ✏️，设置填充为蓝黑色（#00244E），绘制船帆图形，如图5-19所示。

（3）选择"矩形工具" ▢，设置填充为蓝黑色（#00244E），在船帆图形右侧绘制一个较大的矩形，然后按住【Alt】键，拖曳船帆图形到矩形中，复制船帆图形，修改复制得到的图形的填充为白色。再按住【Alt】键，拖曳船帆图形到矩形右侧，修改复制得到的船帆图形的填充为蓝色到深蓝色的渐变（#589DD6～#005491），效果如图5-20所示。

（4）使用"文字工具" 🅃 在蓝黑色（#00244E）船帆图形左上方输入说明文字"辅助图形1："。在下方输入说明文字"辅助图形2："，然后将标志图形中图5-21所示的图形复制到下方，放大并调整其角度，将其作为分隔线（即辅助图形2）。

图5-19　绘制船帆图形　　　　　图5-20　修改填充　　　　　　图5-21　辅助图形2

（5）在渐变图形下方输入说明文字"辅助图形3："，复制标志图形到文字下方，调整其大小、位置和角度。使用"椭圆工具" ⬭ 绘制一个黑色椭圆形线框，圈住标志图形左半部分，如图5-22所示。同时选中该线框和标志图形，按【Ctrl+7】组合键建立剪切蒙版，效果如图5-23所示。

（6）在下方输入说明文字"辅助图形4："，复制渐变的船帆图形到其下方并适当缩小，然后选择【对象】/【重复】/【网格】命令，效果如图5-24所示。

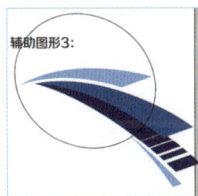

图5-22　绘制线框　　　　图5-23　辅助图形3　　　　图5-24　网格重复图形

（7）在"属性"面板的"重复图选项"栏中设置网格的水平间距为"34px"，网格的垂直间距为"-5px"；在"网格类型"栏中单击"砖形（按行）"按钮 ▦，在"翻转行"栏中单击"水平翻转"按钮 ▨，效果如图5-25所示。

操作小贴士

　　若想修改重复图，只需修改其中任意重复实例（又称重复单元），所有重复实例便会同步更新。若仅需要编辑重复图中的特定重复实例，或想要将重复实例分别编辑为不同的形态，则需要先选择【对象】/【扩展】命令扩展重复图，然后进行单独编辑。扩展重复图后，该重复图将变成一个对象编组，无法再设置重复图选项。

（8）将鼠标指针移到定界框右边缘中间的控制点上并向右拖曳，向右扩大重复图的范围；将鼠标指针移到定界框下边缘中间的控制点上并向下拖曳，向下扩大重复图的范围，如图5-26所示。后续可根据具体的VI设计需求灵活调整重复图的选项、范围、重复数量等。

图5-25　设置重复图选项

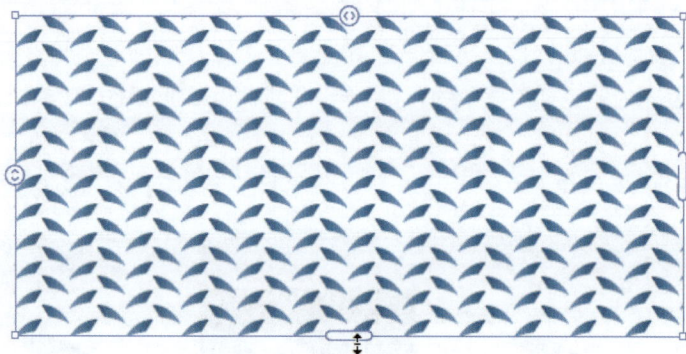

图5-26　调整重复图范围

5.3 实战案例：设计物流企业VI应用系统

案例背景

　　蓝达物流企业的VI设计正在逐步进行中，设计人员先完成了VI基本要素的设计，然后交由客户查看，待客户满意后便开始进行VI应用系统的设计。具体要求如下。

　　（1）该企业的VI应用系统主要包含办公用品、物流设备、员工服饰等应用场景，需针对以上场景进行设计。

　　（2）设计保持统一性和可识别性，与企业标志、辅助图形具有一定的关联性。

设计思路

　　（1）名片与工作证构思。名片的常见尺寸为90mm×54mm，在设计时可放大标志图形作为背景，同时添加企业标志和必要的个人及企业信息。工作证的常见尺寸为55mm×90mm，在设计时可将辅助图形作为底纹置入工作证中，并添加员工具体信息，以提高识别度。

　　（2）档案袋与信封构思。档案袋的常见尺寸为230mm×310mm，在设计时可先绘制档案袋的正反面，然后将标志图形和辅助图形应用到其中，并添加必要的信息。信封的常见尺寸为250mm×160mm，可采用与档案袋相似的设计思路。

　　（3）纸杯与杯垫构思。纸杯的常见尺寸为杯底直径53mm、杯口直径75mm、高85mm，在设计时主要采用大面积的白色，然后添加企业标志和少量的辅助图形。杯垫的常见直径为90mm，可将其中一面设计为具有独特纹理，另一面展现企业标志。

　　（4）其他应用场景构思。除了以上应用场景外，还可将标志图形和辅助图形应用到员工T

恤、员工帽子、货船、货车、打包用的胶带及纸箱、集装箱等场景中。这些应用场景的尺寸均以企业提供的样机素材为准，在设计时主要体现标志图形，可适当添加辅助图形作为装饰。

本例的参考效果如图5-27所示。

图5-27　物流企业VI应用系统

员工服饰　　　　　　　　纸箱和胶带　　　　　　　　集装箱

货车　　　　　　　　　　　　　　货船

图5-27　物流企业VI应用系统（续）

操作要点

（1）使用画板工具添加画板。

（2）使用钢笔工具、形状绘图工具、剪切蒙版、文字工具等制作VI应用效果。

（3）使用尺寸工具标注尺寸。

（4）使用自由变换工具、"拱形"命令调整对象。

操作要点详解

电子书

5.3.1　设计名片与工作证

微课视频

设计名片与工作证

设计名片时，先结合标志图形和色块将名片正面分割为几个部分，然后将个人姓名及职位、联系方式等信息添加到名片正面的不同位置；名片背面采用白色背景并展示企业标志。设计工作证正面时，先结合辅助图形制作背景，然后依次制作照片展示、员工信息部分；在工作证背面添加纹理和色块以制作背景，添加证件名称、企业名称和理念等文字。具体操作如下。

（1）新建名称为"名片"，大小为"90mm×54mm"，颜色模式为"CMYK 颜色"，分辨率为"300像素/英寸"的文件。

（2）制作名片正面。绘制与画板等大的蓝黑色（#00244E）矩形，然后使用"钢笔工具" 绘制图5-28所示的白色形状。

（3）复制标志图形到名片中，调整其大小和位置，如图5-29所示。

（4）复制辅助图形1到名片中，填充为白色。先确定好最上方和最下方白色图形的位置，然后使用"选择工具" 同时选中这4个白色图形，在控制栏中单击"水平居中对齐"按钮和"垂直居中分布"按钮，效果如图5-30所示。

| 图5-28　绘制白色形状 | 图5-29　添加标志图形 | 图5-30　添加辅助图形1 |

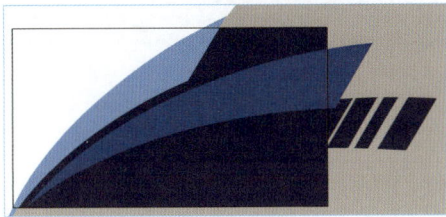

（5）使用"文字工具" 输入文字，网址、电话、邮箱、地址等文字信息分别与左侧的白色图形对齐。绘制与画板等大的矩形，同时选中矩形和名片正面的所有内容，按【Ctrl+7】组合键建立剪切蒙版，完成名片正面的制作，效果如图5-31所示。

（6）选择"画板工具" ，在当前画板旁边拖曳鼠标，绘制一个新画板用于制作名片背面，如图5-32所示。在"属性"面板中设置新画板的宽、高分别为"90mm""54mm"。

（7）在新画板中绘制与画板等大的白色矩形，然后复制标志图形到名片背面，调整其大小和位置，效果如图5-33所示。

| 图5-31　名片正面效果 | 图5-32　绘制新画板 | 图5-33　名片背面效果 |

（8）新建名称为"工作证"，大小为"55mm×90mm"，颜色模式为"CMYK 颜色"，分辨率为"300像素/英寸"的文件。

（9）制作工作证正面。绘制与画板等大的白色矩形，然后将辅助图形2复制到其中，调整其大小和位置，作为分隔线，效果如图5-34所示。

（10）选择"钢笔工具" ，设置填充为蓝黑色（#00244E），依次单击辅助图形2的左侧端点、右侧端点，以及画板右下角、画板左下角，再次单击起始点以闭合路径。在"图层"面板中将刚刚绘制的形状移至辅助图形2的下层，效果如图5-35所示。

（11）选择"矩形工具" ，设置描边为浅灰色（#DCDDDD），描边粗细为"4pt"，在辅助图形2上方绘制大小为22mm×33mm的矩形，作为相框，如图5-36所示。

（12）在画板顶部添加部分标志图形，然后输入图5-37所示的文字，完成工作证正面的制作。

（13）使用"画板工具" 创建大小为55mm×90mm的新画板，绘制与新画板等大的白色矩形。

（14）复制辅助图形4到新画板中，使其铺满整个画板，设置辅助图形4的不透明度为"25%"。绘制与画板等大的矩形，同时选中矩形和该画板中的所有辅助图形，按【Ctrl+7】

组合键建立剪切蒙版，完成工作证背面纹理的制作，效果如图5-38所示。

（15）使用"矩形工具"▢绘制大小为38.8mm×74.8mm的蓝黑色（#00244E）矩形，如图5-39所示。在矩形底部输入"工作证""Word Card"，如图5-40所示。

图5-34　添加辅助图形2　图5-35　绘制与编辑形状　图5-36　绘制矩形（1）　图5-37　输入文字（1）

（16）将白色的标志图形添加到蓝黑色矩形顶部，放大企业理念文字，并将其移动到上方，工作证背面的最终效果如图5-41所示。

图5-38　纹理效果　图5-39　绘制矩形（2）　图5-40　输入文字（2）　图5-41　最终效果

5.3.2　设计档案袋与信封

设计档案袋时，可参考常用的纽扣式档案袋的形态，先分别绘制正面形态和封口的展开形态、封口上的纽扣，然后制作纹理背景，并添加物品名称、档案所属人信息等；在档案袋背面需绘制两个纽扣和两者之间的固定绳，制作纹理背景、添加标志图形。设计信封时，先绘制信封轮廓，然后在其中添加标志图形、寄件方与收件方信息。具体操作如下。

微课视频

设计档案袋与信封

（1）新建名称为"档案袋"，大小为"230mm×350mm"，颜色模式为"CMYK 颜色"，分辨率为"300像素/英寸"的文件。

（2）选择"矩形工具"▢，设置填充为白色，描边为黑色，描边粗细为"1pt"，绘制与画板等宽、高度为310mm的矩形，并将矩形与画板底对齐。

（3）复制辅助图形4到矩形中，使其铺满整个矩形，设置其不透明度为"10%"。复制并按【Ctrl+F】组合键原位粘贴矩形，按【Shift+Ctrl+]】组合键将其置于顶层，同时选中顶层的矩形和所有辅助图形，按【Ctrl+7】组合键建立剪切蒙版，效果如图5-42所示。

（4）选择"钢笔工具" ，设置填充为蓝黑色（#00244E），在顶部绘制档案袋的封口形状，将封口最宽处与矩形顶边对齐，如图5-43所示。

（5）选择"直线段工具" ，设置描边为深蓝色（#005491），描边粗细为"1pt"，在画板中下位置绘制4条长112mm的横线，将这4条横线左对齐并均匀分布。

（6）选择"矩形工具" ，设置描边为深蓝色（#005491），描边粗细为"2pt"，在画板中上位置绘制一个小矩形，在"属性"面板的"外观"栏中单击 描边 按钮，在打开的面板中选中"虚线"复选框。

（7）使用"椭圆工具" 在封口形状中绘制一个较大的深蓝色（#005491）圆形，在该圆形中央绘制较小的蓝色（#589DD6）圆形，再在蓝色圆形中央绘制更小的蓝色圆形。同时选中较小的两个蓝色圆形，在"属性"面板的"路径查找器"栏中单击"减去顶层"按钮 ，得到蓝色圆环，完成档案袋封口处纽扣的绘制，如图5-44所示。

（8）输入图5-45所示的文字，然后使用"画板工具" 创建大小为230mm×310mm的新画板，绘制与新画板等大的白色矩形。

图5-42 剪切蒙版效果　　图5-43 绘制封口形状　　图5-44 绘制纽扣　　图5-45 输入文字

（9）复制封口形状、背景纹理、纽扣到新画板中，调整其大小和位置。选择封口形状，在其上单击鼠标右键，在弹出的快捷菜单中选择【变换】/【镜像】命令，打开"镜像"对话框，选中"水平"单选项，单击 确定 按钮，效果如图5-46所示。

（10）选择"钢笔工具" ，设置描边为蓝色（#5595C9），描边粗细为"1pt"，在两个纽扣之间绘制线条，作为固定绳，如图5-47所示。

（11）复制部分标志图形到画板中央，然后在画板底部绘制大小为230mm×8mm的蓝黑色（#00244E）矩形，完成档案袋背面的制作，效果如图5-48所示。

（12）新建名称为"信封"，大小为"250mm×160mm"，颜色模式为"CMYK 颜色"，分辨率为"300像素/英寸"的文件。

（13）选择"矩形工具" ，设置填充为白色，描边为黑色，描边粗细为"1pt"，绘制与画板等大的白色矩形。在底部绘制大小为250mm×5mm的蓝黑色（#00244E）矩形，取消该矩形的描边，效果如图5-49所示。

（14）输入图5-50所示的文字，然后复制标志图形到信封右上角，再使用"直线段工具"在文字右侧绘制一条较长的深蓝色横线，如图5-51所示。

图5-46　镜像封口形状

图5-47　绘制固定绳

图5-48　档案袋背面效果

图5-49　矩形效果

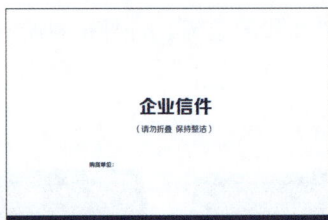

图5-50　输入文字

图5-51　绘制横线

（15）使用"画板工具"创建大小为250mm×160mm的新画板，绘制与新画板等大的白色矩形。

（16）使用"钢笔工具"绘制图5-52所示的路径，设置填充为白色，描边为黑色，描边粗细为"1pt"。

（17）使用"钢笔工具"绘制图5-53左侧所示的路径，设置填充为白色，描边为黑色，描边粗细为"1pt"，然后通过镜像操作得到右侧路径，制作出信封正面向后折叠的效果。

（18）选择"钢笔工具"，设置填充为蓝黑色（#00244E），绘制信封封口，如图5-54所示。

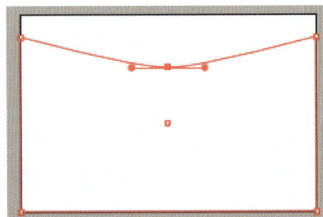

图5-52　绘制路径（1）

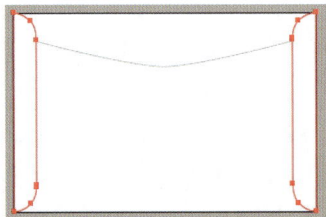

图5-53　绘制路径（2）

图5-54　绘制封口

（19）输入图5-55所示的文字，然后将辅助图形1复制到文字左侧并对齐，如图5-56所示。

（20）将部分白色的标志图形复制到封口处，完成信封背面的制作，效果如图5-57所示。

图5-55　输入文字（3）

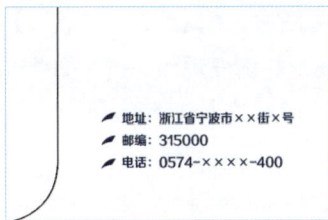

图5-56　添加辅助图形1

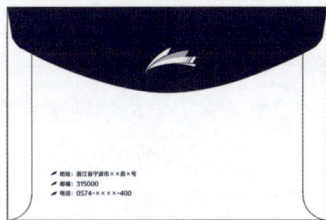

图5-57　信封背面效果

5.3.3　设计纸杯和杯垫

设计纸杯时，可先建立参考线，以便绘制尺寸标准且对称的纸杯线框，然后在其中添加纹理与标志图形。杯垫则需分别制作正面与背面，可分别运用不同的辅助图形，以丰富视觉效果。此外，由于文件尺寸不等同于纸杯、杯垫的尺寸，因此需要额外标注尺寸。具体操作如下。

微课视频

设计纸杯和杯垫

（1）新建名称为"纸杯和杯垫"，大小为"110mm×350mm"，颜色模式为"CMYK 颜色"，分辨率为"300像素/英寸"的文件。

（2）使用"矩形工具"□在画板上分别绘制大小为75mm×85mm和53mm×85mm的灰色矩形，将二者水平居中对齐和垂直居中对齐。

（3）将两个矩形作为参考线，选择"钢笔工具"，设置填充为无，描边为黑色，描边粗细为"1pt"。在矩形顶边左端点、右端点处依次单击，再在矩形底边右侧第2个交点、左侧第2个交点和矩形顶边左端点处依次单击以闭合路径，如图5-58所示，绘制出纸杯线框。

（4）删除两个矩形，选中纸杯线框，设置填充为白色，制作纸杯杯身。

（5）复制部分标志图形到纸杯中间，调整其大小和位置，效果如图5-59所示。

（6）使用"矩形工具"□在标志图形下方绘制一个超出纸杯宽度的矩形，填充为蓝色到深蓝色（#589DD6～#005491）的渐变。复制辅助图形4到矩形上，使其铺满整个矩形，设置辅助图形的不透明度均为"70%"，填充为蓝色（#589DD6）到白色的渐变，效果如图5-60所示。

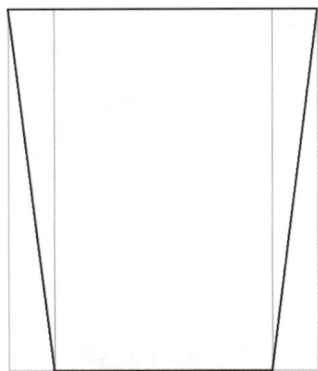

图5-58　绘制纸杯线框

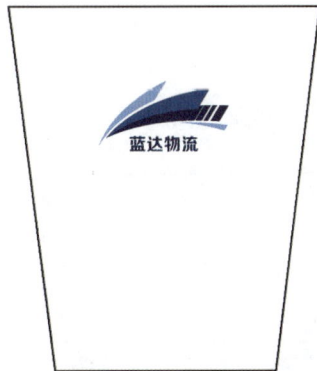

图5-59　杯身效果

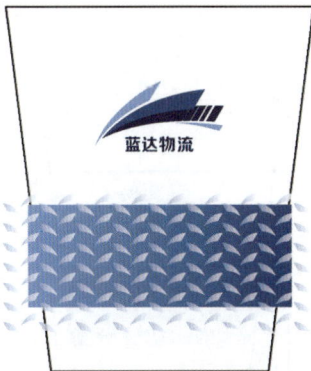

图5-60　添加辅助图形效果

（7）复制并原位粘贴矩形，按【Shift+Ctrl+]】组合键将其置于顶层，同时选中顶层的矩形和所有辅助图形，按【Ctrl+7】组合键建立剪切蒙版，制作出纸杯纹理，如图5-61所示。

（8）复制并原位粘贴纸杯杯身图形，按【Shift+Ctrl+]】组合键将其置于顶层，同时选中顶层的纸杯杯身图形、纸杯纹理图形和渐变矩形，按【Ctrl+7】组合键建立剪切蒙版。

（9）再次原位粘贴纸杯杯身图形，按【Shift+Ctrl+]】组合键将其置于顶层，设置其填充为"无"，只保留黑色线框，效果如图5-62所示。

（10）由于纸杯尺寸与文件尺寸不同，因此需要额外标注。先按【Ctrl+U】组合键打开智能参考线，这有助于自动对齐端点、垂直线、水平线等。选择"尺寸工具" 🖊，移动鼠标指针至纸杯左上角端点处并单击，再移动鼠标指针至纸杯右上角端点处并单击，Illustrator将测量这两点之间的距离，向上移动鼠标指针，将显示红色的标注线和尺寸，如图5-63所示。向上移动鼠标指针到合适位置后单击，以确定尺寸标注结果的显示位置。

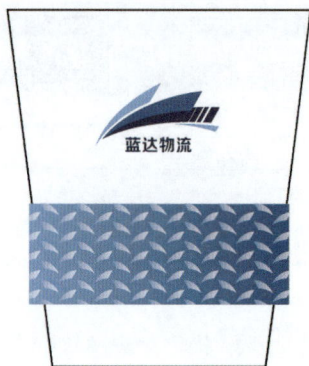

| 图5-61 制作纸杯纹理 | 图5-62 保留线框效果 | 图5-63 显示标注线和尺寸 |

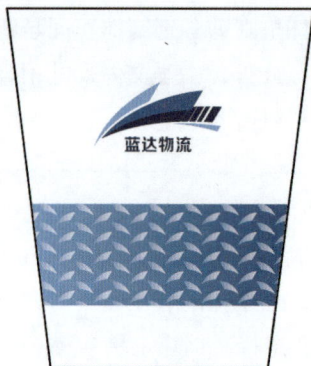

（11）使用步骤（10）的方法标注纸杯其他部分的尺寸，效果如图5-64所示。

（12）制作杯垫。选择"椭圆工具" ⭕，分别绘制直径为90mm和76mm的圆形，将二者水平居中对齐和垂直居中对齐，设置填充分别为蓝黑色（#00244E）、蓝色（#589DD6）到深蓝色（#005491）的渐变。

（13）将纸杯上的辅助图形复制到杯垫上，使其铺满圆形，如图5-65所示。

（14）在中央绘制直径为76mm的圆形，同时选中该圆形和所有辅助图形，按【Ctrl+7】组合键建立剪切蒙版，然后使用"尺寸工具" 🖊 标注杯垫直径，如图5-66所示。

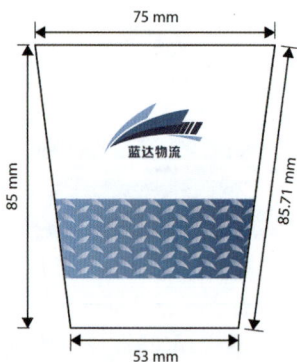

| 图5-64 尺寸标注效果 | 图5-65 添加辅助图形 | 图5-66 标注杯垫直径 |

（15）设计杯垫的另一面。选择"椭圆工具" ⭕，分别绘制直径为90mm和76mm的圆形，

将二者水平居中对齐和垂直居中对齐，设置填充分别为蓝黑色（#00244E）、白色。添加部分标志图形到圆形上，调整其大小和位置，如图5-67所示。

（16）使用"钢笔工具" ✐ 绘制图5-68所示的形状，填充为蓝黑色（#00244E），并将该形状所在图层移至标志图形所在图层的下方。

（17）在中央绘制直径为76mm的圆形，同时选中该圆形、标志图形和步骤（16）中绘制的形状，按【Ctrl+7】组合键建立剪切蒙版。

（18）复制标志图形到杯垫上半部分空白处，调整其大小和位置，杯垫背面的最终效果如图5-69所示。

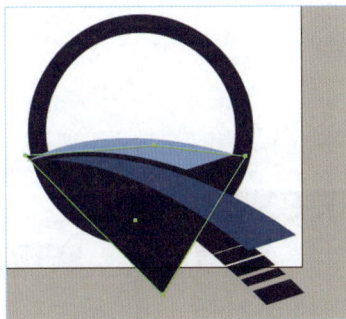

图5-67　添加部分标志图形　　　　图5-68　绘制形状　　　　图5-69　杯垫背面效果

5.3.4　制作其他应用场景效果

制作应用场景效果时，可先打开企业提供的样机素材，再将标志图形和辅助图形复制到其中。为了使应用效果更加真实，可适当调整透视角度、变形效果和混合模式。具体操作如下。

微课视频

制作其他
应用场景效果

（1）打开"胶带和纸箱.jpg"素材，复制部分白色标志到纸箱左上角，调整其大小和位置；复制中文和英文标志，在竖着的胶带上交错排列中文和英文标志，调整其大小、位置和角度，效果如图5-70所示。

（2）设置胶带上所有标志的混合模式为"正片叠底"。为了让标志更符合胶带的透视效果，需对其进行扭曲变形。先选中要调整的标志，如从上往下数的第3个标志，选择"自由变换工具" ▦，将鼠标指针移至要调整的标志左上角，当鼠标指针变为 ▨ 形状时先按住鼠标左键，再按住【Ctrl】键进行拖曳，可自由变换左上角的控制点，使标志产生扭曲效果。使用相似的方法调整右上角的控制点，如图5-71所示。

（3）使用"自由变换工具" ▦ 自由扭曲其他标志，效果如图5-72所示。

（4）复制中英文标志到左侧的圆形胶带上，调整其大小、位置和角度，如图5-73所示。

（5）为了让标志更贴合胶带的弧度，需要让标志产生凸出拱起的效果。先选中下方的标志，选择【效果】/【变形】/【拱形】命令，打开"变形选项"对话框，选中"垂直"单选项，设置弯曲为"-26%"，单击 确定 按钮。

（6）选中上方的标志，选择【效果】/【变形】/【拱形】命令，打开"变形选项"对话框，选中"垂直"单选项，设置弯曲为"-28%"，单击 确定 按钮，效果如图5-74所示。

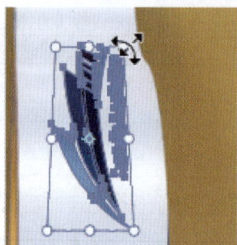

| 图5-70　添加标志 | 图5-71　扭曲标志 | 图5-72　自由扭曲效果 | 图5-73　复制标志 |

（7）打开"集装箱.jpg"素材，复制蓝色标志到下方的集装箱中央，设置混合模式为"正片叠底"，调整其大小和位置；复制白色标志到上方的集装箱中央，设置混合模式为"柔光"，使用"自由变换工具" ⬚ 调整其透视角度，如图5-75所示。

（8）打开"服饰.ai"素材，使用相似的方法应用标志，如图5-76所示。复制标志到衣服下摆位置，调整其角度，如图5-77所示，然后选中衣服图形，复制并原位粘贴。

| 图5-74　拱起效果 | 图5-75　调整效果 | 图5-76　应用标志 | 图5-77　调整角度 |

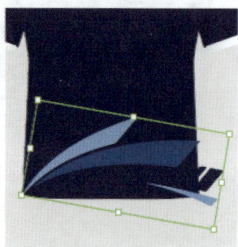

（9）选中标志和粘贴的衣服图形，按【Ctrl+7】组合键建立剪切蒙版，隐藏衣服外的标志，效果如图5-78所示。

（10）分别打开"轮船.jpg""货车.ai"素材，使用相似的方法应用标志，效果如图5-79所示。

| 图5-78　隐藏效果 | 图5-79　轮船、货车应用效果 |

5.4　拓展训练：设计水果店品牌VI

☆ 实训要求

（1）为水果零售连锁店品牌"果之怡"进行品牌VI设计，设计其标志、标准字、标准色、辅助图形和应用场景。

（2）以水果为主进行形象化设计，采用简约、自然的风格，真实的水果色彩，色彩鲜艳亮丽、搭配和谐。

（3）"果之怡"品牌VI设计主要在该品牌店铺中使用，因此至少需要制作名片、包装贴纸、标价牌、工作服、环保袋、纸杯等VI应用场景。

✍ **操作思路**

（1）绘制圆形作为标志背景，用于整合标志中的图形和文字，提高标志的整体性。绘制橙子作为主体图形，绘制绿叶作为装饰，然后添加品牌名称，以体现品牌风格和定位。

（2）制作标准字时，要清楚地罗列出主要中英文印刷字体和次要中英文印刷字体。主要字体可使用便于识别且具备活泼感的，次要字体可选择识别度更高且字形规整的。

（3）绘制标准色色块并标明颜色值，可采用接近标志水果本身的色彩——橙黄色作为主色，以带来醒目、积极、有活力的感觉。辅助色可采用两种色调相近的黄绿色，以突显层次感和绿色食品的定位。点缀色可在辅助色的基础上微调，也可选用真实的水果色彩、VI应用载体色彩（如工作服布料色彩）。

（4）采用拟人化手法绘制水果切面图作为辅助图形。运用标志中的图形元素，通过重复、旋转、镜像等变换操作，制作底纹、分隔线等辅助图形。

（5）放大标志图形局部来制作名片正面背景，并在正面添加品牌名称、员工姓名、岗位名称、连锁店地址、电话、邮箱等内容。采用重复型构图的方式将辅助图形作为名片背面背景，并添加背景色，再在中间添加标志图形以强调品牌。

（6）绘制果汁飞溅的图形作为包装贴纸的底纹，以体现水果汁水丰富。重复排列水果辅助图形，制作出包装贴纸的主要图形。输入产品名称、净含量信息，将标志图形的绿叶元素放置在文字上方，将对应的水果表情放置在文字下方，从而突出水果信息，并增强美感。

（7）绘制分隔线将标价牌分为多个部分。重复排列并放大突出水果辅助图形，制作出标价牌的主要图形。输入水果名称、零售价、会员价、水果产地等信息。

（8）打开品牌方提供的样机素材，将标志和辅助图形分别应用到样机的工作服、环保袋、纸杯中，以标志为中心，添加绿叶作为装饰。

具体设计过程如图5-80所示。

①设计标志　　　　　　　　　　　　②设计标准字

图5-80　水果店品牌VI设计过程

③设计标准色

④设计辅助图形

⑤设计名片

⑥设计包装贴纸

⑦设计标价牌

⑧设计其他应用效果

图5-80　水果店品牌VI设计过程（续）

5.5　AI辅助设计

Midjourney　　**设计咖啡品牌VI标志**

　　Midjourney是一款功能强大的AI绘画工具，它可根据用户输入的关键词，快速、稳定地生成各种风格的高质量图像。这些图像可应用于艺术创作、设计、教育、娱乐、广告等多个领域。Midjourney主要有6种模式，为图形创意提供了更多选择。无论用户是追求真实细节、动漫风格还是艺术增强，Midjourney都能实现其创意和想法。

　　● MJ5.2（真实细节）。强调真实细节的表现，注重真实世界中的细节和纹理，使图像看起来更加逼真和生动。

- NJ5.0（动漫增强）。专注于动漫风格的模式，在该模式下生成的图像会具有更加鲜明的动漫风格，色彩更加鲜艳，线条更加流畅。
- MJ5.1（艺术增强）。专注于真实艺术风格图像的表现，在该模式下生成的图像会具有强烈的艺术氛围和风格，使得作品看起来更加独特和有创意。
- NJ6.0（动漫质感）。也是专注于动漫风格的模式，在该模式下生成的图像不仅具有鲜明的动漫风格，质量和细节表现也很好。
- MJ6.0（真实质感）。强调真实质感的表现，在该模式下生成的图像注重真实世界中的质感表现，如光影、材质等，使得作品看起来更加真实和立体。

Midjourney的模式在持续更新和升级，主要表现在图像质量、细节处理、场景理解和艺术风格等方面的进一步提升。例如，生成的图像在人物、手部和物体细节上更加连贯、自然，材质纹理和光影效果更加精细。

例如，使用Midjourney设计咖啡品牌VI标志。

文生图

使用方式：输入关键词。
关键词描述方式：作品类型+包含的内容和元素+风格与色彩+光影细节。
主要参数：模式、生成尺寸、高级参数。

模式：MJ5.1（艺术增强）。
关键词描述：小熊咖啡标志，咖啡杯形象，欢快表情，友好氛围，简洁线条，扁平风格，明亮色调，温暖灯光，柔和阴影，立体效果。
生成尺寸：1∶1。
示例效果如下。

即梦 AI　生成科技公司名片

即梦AI是字节跳动旗下剪映团队研发的一站式AI创作平台，具有图像生成、视频生成、智能画布、故事创作等主要功能。在图像生成方面，即梦AI支持通过文本描述及添加参考图来生成高质量的图像，且具有细节修复、局部重绘、扩图、消除笔等图像智能编辑功能。例如，使用即梦AI生成科技公司名片。

文生图

使用方式：输入关键词。

关键词描述方式：作品类型+对象+名片比例+名片内容+风格+色彩+其他要求。

主要参数：模型、精细度、比例。

模型：即梦 通用 v2.0。

精细度：7。

比例：4∶3。

关键词：名片设计，科技公司，矩形名片，横版名片，包含名片信息，极简风格，蓝色和白色，科技感光影效果。

示例效果如下。

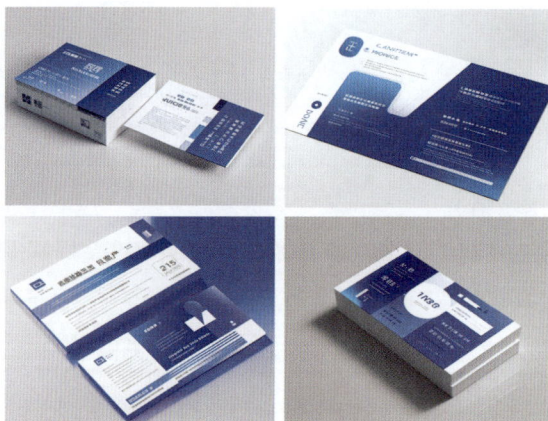

拓展训练

请参考以上方法，使用即梦AI或Midjourney生成某花店VI设计中的花艺师名片，要求体现花朵元素。

5.6　课后练习

1. 填空题

（1）VI设计，即＿＿＿＿＿＿＿＿设计，被广泛应用于企业、品牌的形象塑造中。

（2）VI设计的主要内容有＿＿＿＿、＿＿＿＿、＿＿＿＿、＿＿＿＿、＿＿＿＿。

（3）标志图形的抽象化设计以_____为元素。

（4）选择_____命令可使图形纵向和横向重复，形成平铺的纹理效果。

2. 选择题

（1）【单选】下列选项中，属于VI设计中名片的常见尺寸的是（　　）。

A．53mm×85mm　　　B．55mm×90mm　　　C．90mm×54mm　　　D．90mm×53mm

（2）【单选】使用（　　）可以随意地扭曲对象。

A．倾斜工具　　　　　　B．自由变换工具　　　C．变形工具　　　　　　D．操控变形工具

（3）【多选】设计VI辅助图形时，可以运用的技巧有（　　）。

A．提取标志图形的局部

B．将标志图形中的部分元素和其他个性化元素相结合

C．重新打造与标志图形强关联，但更具感染力的辅助图形

D．重新打造与标志图形不相关，但与品牌、企业、行业及其风格、气质相关的辅助图形

（4）【多选】Midjourney是一款功能强大的AI绘画工具，包含（　　）模式。

A．MJ5.2（真实细节）　　　　　　　　　B．NJ6.0（动漫质感）

C．MJ5.1（艺术增强）　　　　　　　　　D．MJ6.0（真实质感）

3. 操作题

（1）使用即梦AI或Midjourney为一家专做陶瓷工艺品的品牌设计品牌标志，要求以陶瓷造型为核心元素，采用古典风格或扁平风格，标志具备可识别性，参考效果如图5-81所示。

图5-81　陶瓷品牌标志

（2）云开新能源公司是一家从事风能和水能开发的公司，现需为该公司进行VI设计，以充分且精准地向公司员工传达公司文化、提升品牌影响力，参考效果如图5-82所示。

标志效果　　　　　　　　　　　辅助图形效果　　　　　　　　　　纸杯效果

图5-82　云开新能源公司VI设计

名片效果

工作证效果

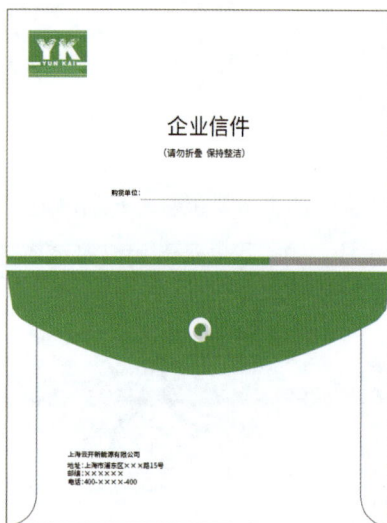

信封效果

档案袋效果

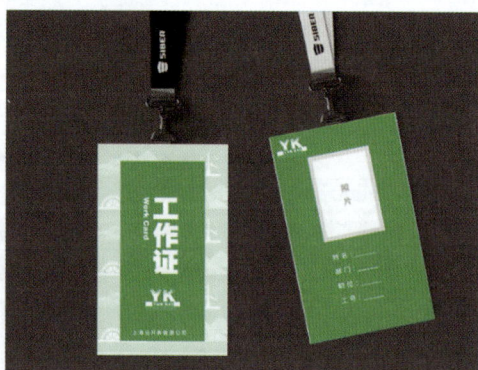

VI设计应用场景立体效果

图5-82　云开新能源公司VI设计（续）

Ai

第　　　　章

海报设计

作为生活中常见的图形创意设计载体，海报凭借其多样化的线上及线下应用场景，实现了广泛且高效的信息传递。海报不仅是商业传播和文化交流的重要工具，更是吸引公众眼球的艺术表达载体。在信息爆炸的时代，通过精准定位与创意表达，以及美观且富有深意的视觉效果，海报能够在众多信息载体中脱颖而出，瞬间吸引目光，给人留下深刻印象。

学习目标

▶ **知识目标**

◎ 熟悉海报设计类型。
◎ 掌握海报设计版面构图。

▶ **技能目标**

◎ 能够从专业的角度设计不同类型的海报。
◎ 能够使用 Illustrator 为海报设计具有创意的画面、制作特效。
◎ 能够借助 AI 工具完成海报图形创意设计。

▶ **素养目标**

◎ 培养对海报设计的兴趣，提高对海报设计的审美水平。
◎ 勇于尝试新的海报设计风格，拓宽设计视野，提高创新能力。

学习引导

STEP 1　相关知识学习　　　　　　建议学时：__1__ 学时

课前预习	1. 扫码了解海报的概念、海报与招贴的关系，建立对海报的基本认识。 2. 在网络上搜索并欣赏不同风格的海报设计案例，提升对海报的审美水平。
课堂讲解	1. 海报设计类型。 2. 海报设计版面构图。
重点难点	1. 学习重点：公益海报、商业海报、节日海报、文化海报等类型的特点。 2. 学习难点：焦点式、对角线式、对称式、自由型等版面构图的特点。

课前预习

电子书

STEP 2　案例实践操作　　　　　　建议学时：__3__ 学时

实战案例	1. 设计电商活动倒计时海报。 2. 设计音乐节海报。 3. 设计母亲节海报。	操作要点	1. 渐变工具、变形工具、任意形状渐变、形状生成器工具。 2. "混合"命令。 3. "3D和材质"效果。

案例欣赏	 	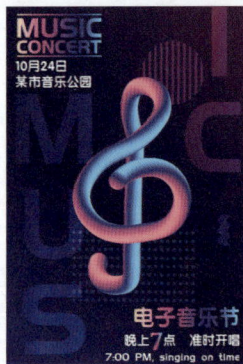	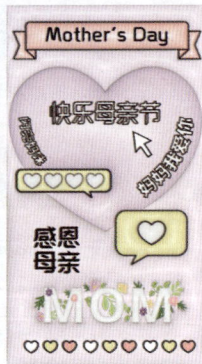

STEP 3　技能巩固与提升　　　　　　建议学时：__3__ 学时

拓展训练	1. 设计海鲜火锅海报。 2. 设计文明公益海报。 3. 设计节气海报。

AI 辅助设计	1. 使用稿定AI设计电商海报。
	2. 使用文心一格设计茶园海报背景。
	3. 使用百度智能云一念设计汽车海报。
课后练习	通过练习题巩固行业知识，提升设计能力与实操能力。

6.1　行业知识：海报设计基础

海报是一种常见的宣传工具，通过图形、文字、色彩等视觉元素的组合，吸引受众注意并传达特定信息。要想让海报脱颖而出，吸引目标受众，需要设计人员深入了解海报主题、受众喜好，有针对性地进行设计，运用出色的图形创意能力进行版面构图。

6.1.1　海报设计类型

设计海报时，需要考虑海报所属类型及其设计重点，以准确传达信息，同时达到很好的视觉效果。

- **商业海报**。商业海报常用于推广品牌、企业或产品，如图6-1所示，具有清晰、明确的信息和品牌特色，以帮助客户提高知名度和吸引更多的受众。商业海报的设计要依据主体元素的风格和受众对象，以迅速吸引目标受众的注意力，突出产品或服务的特点和优势。
- **节日海报**。节日海报常用于各种公共节日的宣传，如图6-2所示，以突出节日气氛为主。由于节日主题多样，海报的基调也不同，有的充满欢乐与激情，有的则宁静而肃穆。
- **教育海报**。教育海报是为了传递特定知识或达到教育目的而设计的，通常包含图表、图形和文字，以快速有效地传达信息，如图6-3所示。

图6-1　商业海报　　　　图6-2　节日海报　　　　图6-3　教育海报

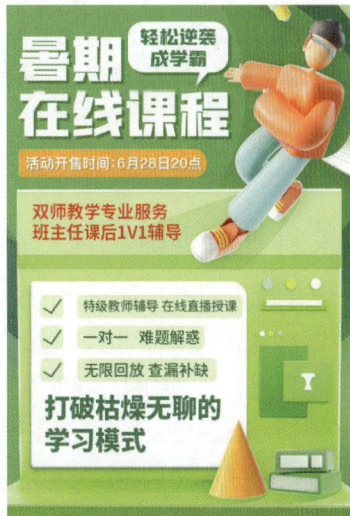

- **文化海报**。文化海报通常用于推广社会上的各种文化活动、展览等，如图6-4所示。文化海报需要根据展览或活动的种类、主题、特点等信息，运用恰当的方法表现其内容和风格。

- **电影海报**。电影海报用于介绍和推广电影，如图6-5所示，起到吸引观众注意、提高电影票房的作用，是电影艺术与文化深度交融的产物，也是电影与观众之间沟通的桥梁。电影海报通常包含电影的简单介绍、电影画面、导演名称、上映日期、配音演员、电影名称等内容，要求简明扼要，形式新颖美观。

- **公益海报**。公益海报是指不以营利为目的，服务于公众（公共）利益的海报，主要用于宣传公共道德、公共法规、社会文化、时代观念、精神思想等内容，如图6-6所示。公益海报设计的重点是突出"公益"二字，所以应通俗易懂，而又触动人心、引发共鸣，尽可能地让更多人看懂并认同海报传达的观点。

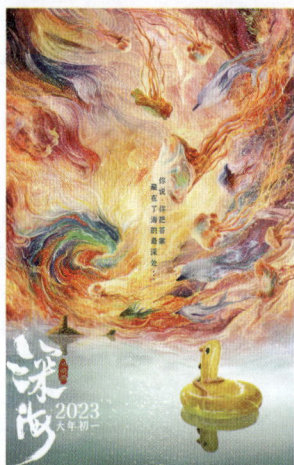

图6-4　文化海报	图6-5　电影海报	图6-6　公益海报

🎯 设计大讲堂

　　世界自然基金会推出的多系列公益海报，都融合了创意与公益主题，以新颖、美观的视觉效果吸引公众注意，促进公益行动。设计人员也应肩负环保责任感，通过作品宣扬公益精神、理念，并身体力行。

6.1.2　海报设计版面构图

　　为海报设计恰当的版面构图，可以有效引导受众关注视觉焦点，明确信息层级，传达信息，突显海报的主题、重点、亮点与内涵等。

- **焦点式版面构图**。又称中心型、重心式版面构图。焦点是指视觉心理上的焦点，通常为占据海报大部分版面，或效果十分突出、强烈的视觉元素，如图6-7所示。

- **中轴式版面构图**。又称居中式版面构图，将海报元素集中做水平或垂直方向的排列。水平排列能给人稳定、平和、含蓄之感，垂直排列能赋予海报向上的动感，营造高远、修长、挺拔之感，还能增强画面的纵深感，如图6-8所示。

● 对角线式版面构图。利用对角线作为海报主要元素排列的走向，使海报形成不稳定的动感，并产生延伸感，能带来强烈的视觉冲击力。

● 重复式版面构图。对相似或相同的图形、文字等海报设计元素进行重复的排列，以吸引受众目光，如图6-9所示。

图6-7　焦点式版面构图　　　　图6-8　中轴式版面构图　　　　图6-9　重复式版面构图

● 四角形版面构图。将相似的海报元素分别放置在版面四角，以带来严谨、规范的感觉，如图6-10所示。

● 分割式版面构图。通过背景、轮廓、线条、色彩等元素将海报版面分为明显的两部分（也可能是三部分、四部分，但不会太多），一部分主要用于放置图形，另一部分主要用于放置文字，两部分既形成对比，又能使布局有条理、和谐有序，如图6-11所示。

● 倾斜式版面构图。倾斜放置海报元素，使海报产生强烈的动感和不稳定感，如图6-12所示。

图6-10　四角形版面构图　　　　图6-11　分割式版面构图　　　　图6-12　倾斜式版面构图

- ● 环绕式版面构图。围绕一个中心旋转发散，或以环绕的方式排列海报元素。
- ● 曲线型版面构图。海报的主要元素沿曲线排列，呈蜿蜒之势，具有律动感和节奏感，如图6-13所示。
- ● 对称式版面构图。海报以某个轴为对称线，各元素沿对称线排列，海报被划分为大致对等的两部分，具有和谐、平衡、稳定、自相呼应的效果，如图6-14所示。
- ● 骨骼型版面构图。将所有的设计元素按照一定的框架进行排列和组合，以达到统一、有序的视觉效果，如图6-15所示。每个框架的大小不一定相同，且可以承载不同类型的元素。
- ● 自由型版面构图。将海报元素无规律、随意地分散在画面中，以创造活泼、轻快的感觉。

图6-13　曲线型版面构图　　　　图6-14　对称式版面构图　　　　图6-15　骨骼型版面构图

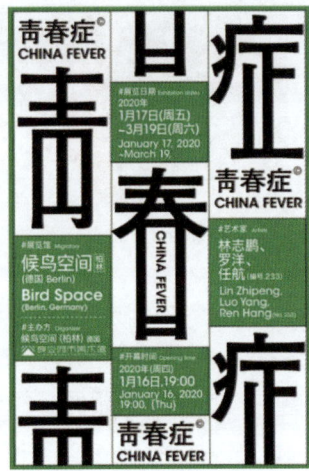

6.2　实战案例：设计电商活动倒计时海报

案例背景

　　"双十一"购物促销活动即将到来，某电商网站为了预热活动，激发消费者的参与兴趣和购买欲，准备制作倒计时海报投放到电商网站中，具体要求如下。

（1）以"双十一倒计时8天"为主题，突出数字"8"，色彩丰富，营造出活跃的气氛。

（2）海报尺寸为1920px×600px，分辨率为72像素/英寸。

设计大讲堂

　　电商网站页面的展示内容直接关系到消费者的购物体验，也会影响到企业的经营行为。在设计相关内容时，一定要遵守相关电商平台的规则与要求（如尺寸、格式、文件大小、禁用语等），坚持诚信宣传的态度，同时遵守与电商相关的各项法律法规（包括但不限于《中华人民共和国电子商务法》《中华人民共和国广告法》《中华人民共和国消费者权益保护法》等），共同维护健康的电商生态，为消费者提供更加健康、透明、可信的网络购物环境。

设计思路

（1）构图设计。采用焦点式版面构图，将主题文案作为焦点居中展示。背景图形采用不规则的抽象形状，在海报两侧均衡地分布背景图形，以达到轻盈、平衡、活泼的效果。

（2）色彩设计。背景以蓝紫色为主，文字以对比度较高的白色为主，并使用紫红色、蓝色、青色、橙黄色的渐变色彩，以制作出丰富且具有视觉冲击力的效果。

本例的参考效果如图6-16所示。

图6-16　电商活动倒计时海报参考效果

操作要点

（1）使用椭圆工具、变形工具、任意形状渐变制作流体渐变元素。

（2）使用椭圆工具、形状生成器工具、"渐变"面板制作倒计时数字。

操作要点详解

电子书

6.2.1　制作流体渐变风格背景

先绘制蓝紫色渐变的海报背景，再绘制多个椭圆形作为流体元素的基本形，然后通过变形操作制作变化丰富的抽象形态，最后通过任意形状渐变制作出具有质感的渐变效果。具体操作如下。

微课视频

制作流体渐变风格背景

（1）新建名称为"电商活动倒计时海报"，大小为"1920px×600px"，分辨率为"72像素/英寸"的文件。

（2）使用"矩形工具" ▢ 绘制与画板等大的矩形。选择"渐变工具" ▣，在控制栏中单击"径向渐变"按钮 ▣，矩形中将出现渐变条，双击中央的圆形渐变色标，在打开的面板中设置颜色为紫色（#7D00D7）；双击右端的圆形渐变色标，在打开的面板中设置颜色为蓝色（#4200FD），然后向右拖曳渐变条右端的黑色小正方形 ◼，增加横向的渐变半径，效果如图6-17所示。

（3）使用"椭圆工具" ◯ 在矩形中绘制多个白色椭圆形，如图6-18所示。

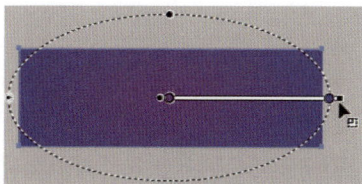

图6-17　调整渐变矩形

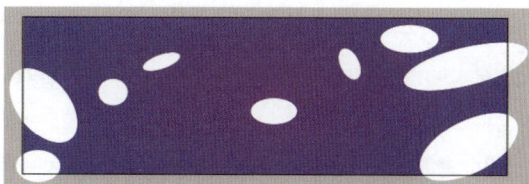

图6-18　绘制多个白色椭圆形

（4）选中右上方的椭圆形，双击"变形工具" ，打开"变形工具选项"对话框，在"全局画笔尺寸"栏中设置宽度、高度、角度、强度分别为"200px""200px""0°""50%"，在"变形选项"栏中设置细节、简化分别为"2""50"，单击 确定 按钮。向下拖曳椭圆形上边缘，如图6-19所示，然后打开"变形工具选项"对话框，修改宽度、高度均为"120px"，向上拖曳椭圆形下边缘，如图6-20所示。

> **操作小贴士**
>
> 　　在使用"变形工具" 变形对象时，利用快捷键可以快速改变画笔尺寸。如按住【Alt】键，鼠标指针将变为 形状，此时拖动鼠标可改变画笔的高度或宽度；在按住【Alt+Shift】组合键的同时拖动鼠标，则可等比例改变画笔尺寸。

（5）使用步骤（4）的方法更改画笔尺寸，朝不同方向拖曳椭圆形边缘，变形所有白色椭圆形，得到抽象形状，效果如图6-21所示。

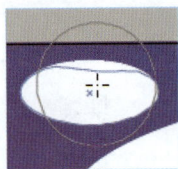

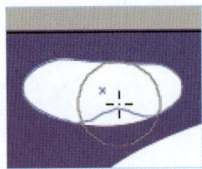

图6-19　向下变形　图6-20　向上变形　　　　　图6-21　变形所有白色椭圆形

（6）选中右上方的形状，选择"渐变工具" ，在控制栏中单击"任意形状渐变"按钮 ，选中"点"单选项；将鼠标指针移至形状中，当鼠标指针呈 形状时单击，可在单击位置以点的形式添加色标，重复操作，效果如图6-22所示。

（7）依次双击每个色标，在打开的面板中设置颜色，效果如图6-23所示。

（8）为了使渐变效果更丰富，单击紫色色标将其选中，此时色标外侧将出现表示该色标控制范围的圆环。将鼠标指针移至圆环的控制点 上，当鼠标指针呈 形状时，向外拖曳控制点以调大圆环，扩大控制范围。使用相似的方法调整左上方的橙黄色色标、上方的青色色标、左下方的紫红色色标、右侧的天蓝色色标的控制范围，如图6-24所示。

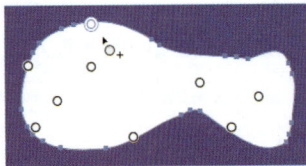

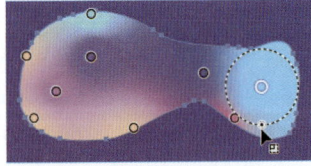

图6-22　以点的形式添加色标　　　图6-23　设置色标颜色　　　图6-24　调整色标的控制范围

（9）使用步骤（6）～步骤（8）的方法，为其他形状填充渐变颜色，效果如图6-25所示。

（10）复制多个形状，通过调整大小、位置和角度以及镜像操作，制作出更丰富的背景效果，如图6-26所示。绘制与画板等大的矩形，选中矩形和所有抽象形状，按【Ctrl+7】组合键建立剪切蒙版，隐藏画板以外的形状。

图6-25　为其他形状填充渐变颜色

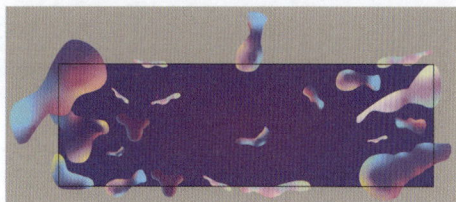

图6-26　制作背景效果

设计大讲堂

　　流体渐变风格以抽象、扭曲、多重渐变的图形为主，使用渐变颜色制作出液化流动效果，营造出简洁明快、轻盈飘逸的感觉，使设计作品更有生命力和未来感。这种风格的核心在于色彩的自然过渡和变化，它不同于传统的渐变方式，更注重模拟颜料在物理运动中的流动效果。

6.2.2　制作立体扭转数字

微课视频

制作立体扭转数字

　　在背景中添加活动信息后，先绘制多个圆形制作数字"8"的基本形态，然后运用形状生成器工具合并不同区域的形状，形成多个扭转面，制作出数字"8"的立体效果，再填充与背景风格相符的渐变颜色。具体操作如下。

　　（1）打开"活动信息.ai"素材，将其中的内容移到海报文件中，如图6-27所示。

　　（2）为便于在倒计时数字制作过程中清晰地查看效果，且不误操作海报其他内容，可新建任意大小的"倒计时数字"文件，单独制作立体扭转数字。选择"椭圆工具" ◯ ，取消圆的填充效果，设置黑色描边，以便观察轮廓相交的效果，在画板中按住【Shift】键并拖动鼠标绘制多个相交的圆形，如图6-28所示。

图6-27　添加活动信息

图6-28　绘制多个相交的圆形

　　（3）选择绘制的所有圆形，按住【Alt】键并垂直向下拖动，如图6-29所示，得到数字"8"的初步形态。

　　（4）选择【对象】/【变换】/【镜像】命令，打开"镜像"对话框，选中"垂直"单选项，单击 确定 按钮，将复制的所有圆形垂直翻转，效果如图6-30所示。

　　（5）按【Ctrl+A】组合键全选图形，然后选择"形状生成器工具" ◈ ，在需要合并的图形区域拖动鼠标，如图6-31所示，重复操作，得到合并后的图形数字"8"，如图6-32所示。

　　（6）选中数字"8"中间的形状，在"渐变"面板中设置填充为青色、蓝色、紫色、洋红色、橙黄色渐变（#9BD1B3～#65C0DF～#9B65E7～#DF75AA～#DBA148），渐变角度为"0°"，如图6-33所示。

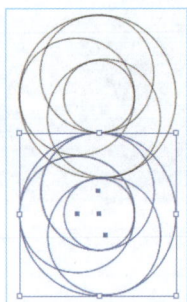 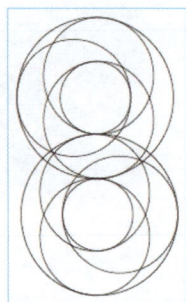 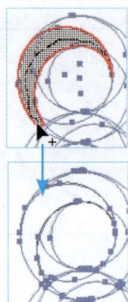 

图6-29　复制所有圆形　　图6-30　镜像效果　　图6-31　合并形状　　图6-32　合并效果

（7）选中与数字"8"中间的形状相邻的两个形状，填充相同的渐变颜色，修改渐变角度为"-45°"，如图6-34所示；选中与刚刚选中的形状相邻的两个形状，填充相同的渐变颜色，修改渐变角度为"-90°"，如图6-35所示；选中内侧最小的两个形状，填充相同的渐变颜色，修改渐变角度为"-135°"，如图6-36所示。

图6-33　"0°"渐变　　图6-34　"-45°"渐变　　图6-35　"-90°"渐变　　图6-36　"-135°"渐变

（8）编组组成数字"8"的所有图形，然后将其复制到海报文件中，调整其大小和位置，修改描边为白色，描边宽度为"2pt"，最终效果如图6-37所示。

图6-37　最终效果

6.3　实战案例：设计音乐节海报

📧 案例背景

某市音乐公园将于10月24日晚7点举办电子音乐节，为游客带来一场震撼的视听盛宴。在该音乐节推广期间，需要制作音乐节海报，吸引受众的关注，具体要求如下。

（1）使用鲜明且对比强烈的色彩搭配，制造强烈的冲击力，突出电子音乐的科技感。

（2）音乐节的举办时间、地点、主题等信息一目了然，字体易识别，同时保持整体设计的艺术感。

（3）海报尺寸为48厘米×70厘米，分辨率为150像素/英寸。

设计思路

（1）构图设计。采用对角线式版面构图，左上角和右下角放置音乐节相关文字信息，中间以具有冲击力的音符元素吸引人们注意力，左侧和右侧展示音乐的英文单词"MUSIC"。此外，还可以在背景中添加简单的拼接形状作为装饰。

（2）色彩设计。以对比度高的红蓝色调和霓虹色为主，营造神秘感、科技感和未来感。

本例的参考效果如图6-38所示。

图6-38　音乐节海报参考效果

操作要点

（1）使用吸管工具复制填充效果。
（2）使用"混合"命令制作音符。

操作要点详解

电子书

6.3.1　设计海报背景

先将搜集到的元素依据对角线进行布局，为保证背景的和谐、统一，营造出音乐节氛围，调整元素的混合模式和不透明度，为元素填充霓虹色渐变，填充相同色彩时可使用吸管工具以提高效率。具体操作如下。

微课视频

设计海报背景

（1）新建名称为"音乐节海报"，大小为"48厘米×70厘米"，分辨率为"150像素/英寸"的文件。打开"音乐节海报背景.ai"素材，将其中的全部内容拖入新建的文件中并进行布局，如图6-39所示。

（2）为了使装饰元素融入背景，可设置下方点状网格的不透明度为"22%"，设置右上方圆形条纹的不透明度为"80%"，右侧折线的不透明度为"50%"。

（3）同时选中竖向排列的"M""U""S"字母，按【Ctrl+G】组合键编组，设置其填充为浅橙色到洋红色到蓝色到天蓝色的渐变（#FACFA5～#FF15EC～#0F00D4～#16D9F8）。

（4）编组竖向排列的"I""C"字母，设置其填充为浅橙色到洋红色的渐变（#FACFA5～#FF15EC），效果如图6-40所示。

（5）选中右下角较大的数字"7"，设置其填充为粉红色到洋红色到天蓝色的渐变（#FA88A5～#FF15EC～#16D9F8）。

（6）同时选中左上角的英文和两条横线，再选择"吸管工具" ✐，在设置了渐变的"M"字母上单击，可发现所选对象会应用被吸取对象的渐变填充效果。使用相似的方法为右下角的"电子音乐节"文字填充相同的渐变颜色，效果如图6-41所示。

> **操作小贴士**
>
> "吸管工具" ✐不仅可用于复制填充、描边等外观属性，还可用于复制文字的字符样式和段落样式。双击"吸管工具" ✐，打开"吸管选项"对话框，在其中可以设置该工具取样点的大小，以及需要吸取的属性（即复制的属性）和需要应用的属性。

（7）此时竖向排列的英文字母过于吸睛，不利于突出海报主体。选中这些英文字母，设置混合模式为"叠加"，效果如图6-42所示。

	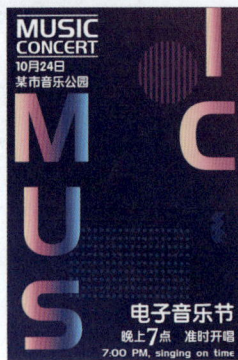		
图6-39　布局素材	图6-40　渐变填充效果	图6-41　填充渐变颜色	图6-42　"叠加"效果

6.3.2 制作炫酷音符线条

绘制音符作为海报主体，为增强音符的视觉冲击力，可通过混合操作制作出具有立体感的线条，以及富有变化的霓虹色效果。具体操作如下。

（1）使用"椭圆工具" ◯在海报左侧绘制一个较小的圆形，设置填充为粉红色到洋红色到蓝色到天蓝色的渐变（#FA88A5～#FF15EC～#0F00D4～#16D9F8），渐变角度为"60°"。

（2）按住【Alt】键并向下拖曳以复制圆形，然后在"属性"面板的"变换"栏中设置旋转为"240°"，效果如图6-43所示。

（3）同时选中这两个圆形，选择【对象】/【混合】/【混合选项】命令，打开"混合选项"对话框，在"间距"下拉列表中选择"指定的步数"选项，并在右侧的数值框中设置步数为"100"，单击 确定 按钮。选择【对象】/【混合】/【建立】命令，或按【Alt+Ctrl+B】组合键建立混合，效果如图6-44所示。

（4）选择"钢笔工具" ✐，设置填充和描边均为"无"，在海报中央单击以创建起始锚点，然后绘制音符路径，如图6-45所示。

（5）同时选中混合形状和音符路径，选择【对象】/【混合】/【替换混合轴】命令，效果

微课视频

制作炫酷音符线条

如图6-46所示。

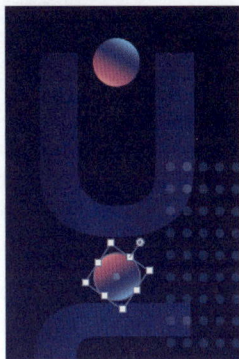

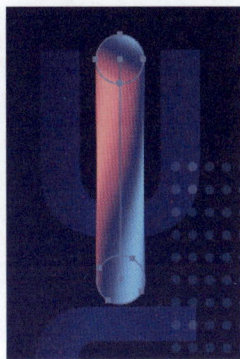

图6-43 旋转圆形　　　图6-44 建立混合　　　图6-45 绘制音符路径　　　图6-46 替换混合轴效果

（6）由于音符混合轴的颜色变化不够流畅，过渡不平滑，存在许多凸起，再打开"混合选项"对话框，增加步数数值，如修改为"1000"，使音符混合轴的颜色变化更加平滑。

> **操作小贴士**
>
> 若想调整混合效果，除了修改"混合选项"对话框中的相关参数外，也可通过选中混合轴来调整路径和锚点，以及选中混合对象来调整堆叠顺序、色彩、外形等，这样做能即时查看调整效果。若需要取消混合效果，可选择【对象】/【混合】/【释放】命令，或按【Alt+Shift+Ctrl+B】组合键。

6.4 实战案例：设计母亲节海报

案例背景

某公众号决定在母亲节当天发布一张关于母亲节的海报，表达对母亲的爱与敬意，弘扬母爱的伟大与无私，因此需要提前设计母亲节海报，具体要求如下。

（1）具有创意性和艺术性，色彩柔和、明亮，能给人留下深刻印象。

（2）表达对母亲的感恩和爱，传达快乐、温馨、美好的情感。

（3）海报尺寸为1242px×2208px，分辨率为72像素/英寸。

设计思路

（1）构图设计。采用自由型版面构图，合理布局心形、丝带、花朵和文字等元素，创造轻快、美好的氛围。同时采用膨胀风格，增强海报的创意性。

（2）色彩设计。以紫粉色调为主，结合白色、黄色、绿色，营造温馨的氛围。

本例的参考效果如图6-47所示。

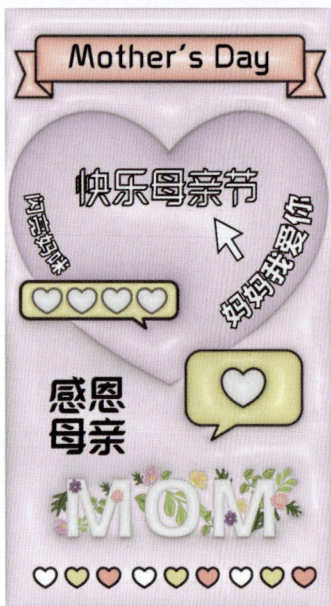

图6-47 母亲节海报参考效果

操作要点

（1）运用"膨胀"命令制作膨胀风格的背景。

（2）运用路径文字工具输入路径文字。

操作要点详解

电子书

6.4.1 制作膨胀风格的背景

先绘制背景图形和添加背景素材，制作出背景的平面效果，然后利用"膨胀"命令及"3D和材质"面板制作背景向外膨胀且具有高光和阴影的立体效果。具体操作如下。

微课视频

制作膨胀风格的背景

（1）新建名称为"母亲节海报"，大小为"1242px×2208px"，分辨率为"72像素/英寸"的文件。

（2）绘制与画板等大的矩形，填充为浅紫红色（#F7E2F6）。

（3）使用"钢笔工具" ✐绘制一个较大的心形，填充为浅紫色（#ECC6FF），如图6-48所示。

（4）打开"背景元素.ai"素材，将其中的丝带、对话框和英文拖入海报文件中，调整其大小和位置，效果如图6-49所示。按【Ctrl+A】组合键全选对象，按【Ctrl+G】组合键编组。

（5）选择【效果】/【3D和材质】/【膨胀】命令，打开"3D和材质"面板，同时所选对象将应用默认膨胀效果，如图6-50所示。

（6）由于此时的膨胀效果不够明亮、色彩稍显暗淡，在"3D和材质"面板的"光照"选项卡的"颜色"栏中设置强度为"90%"，旋转为"27°"，高度为"86°"，软化度为"20%"；选中"环境光"复选框，设置环境光的强度为"80%"。

（7）为了使材质的反射效果更明显，在"3D和材质"面板中打开"材质"选项卡，在"基本属性"栏中设置粗糙度为"0.4"，金属质感为"0.23"，效果如图6-51所示。

图6-48 绘制心形

图6-49 添加素材

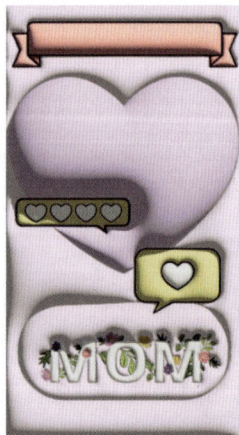

图6-50 默认膨胀效果

图6-51 调整效果

　　膨胀风格作为一种流行的平面设计风格，不仅在海报设计中经常被运用，在广告制作、动画制作、游戏制作等领域也有广泛应用。制作膨胀效果时，可为对象的边缘或者轮廓线多次添加阴影、渐变等，让扁平对象看起来更有质感，更加饱满、立体和生动，需确保阴影柔和、渐变自然、线条流畅，以提升整体的美感与和谐度。

微课视频

6.4.2　添加文字和装饰元素

　　制作完膨胀风格的背景后，需要添加与母亲节相关的文字信息，可结合海报图形输入路径文字，以增添文字的创意性，然后添加心形、箭头等装饰元素，以突出海报主题，增强视觉美观性。具体操作如下。

**添加文字
和装饰元素**

　　（1）选择"文字工具" T ，在顶部输入母亲节英文"Mother's Day"，设置字体为"方正本墨悦亦体 简"，文字颜色为黑色，字号为"111pt"，字距为"50"。

　　（2）在海报左侧输入"感恩母亲"文字，设置字号为"148pt"，行距为"151pt"，字距为"0"。

　　（3）在海报的浅紫色心形上输入"快乐母亲节"文字，设置字号为"152pt"，在控制栏中设置文字的填充为白色，描边为黑色，描边宽度为"6pt"，效果如图6-52所示。

　　（4）使用"钢笔工具" ✎ 沿心形右侧边缘绘制一条弧形路径，然后选择"路径文字工具" ꬳ，在控制栏中设置文字的填充为白色，描边为黑色，描边宽度为"5pt"；单击弧形路径的一端，以在该路径上插入文本输入点，再输入"妈妈我爱你"文字，如图6-53所示。使用相似的方法，在心形左侧边缘输入路径文字。

　　（5）选择"钢笔工具" ✎ ，设置填充为白色，描边为黑色，描边宽度为"5pt"，在心形中绘制一个箭头图形，如图6-54所示。

　　（6）绘制多个心形，将其均匀分布并对齐排列到海报底部，设置填充分别为白色、黄色（#F8E889）、粉红色（#FF9CA0），海报最终效果如图6-55所示。

图6-52　文字效果　　　图6-53　输入路径文字　　　图6-54　绘制箭头图形　　图6-55　海报最终效果

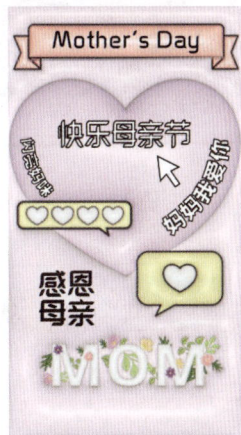

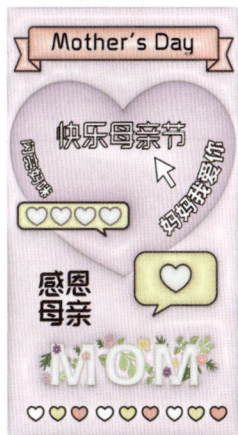

6.5　拓展训练

实训要求

（1）某海鲜火锅店铺准备制作商业海报，用于在外卖平台中进行宣传，以提高销售额。

（2）海报画面精美且富有创意、冲击力，能吸引并促使消费者下单。

（3）海报尺寸为750px×390px，分辨率为72像素/英寸。

操作思路

（1）绘制背景矩形，添加背景素材，运用图层不透明度、剪切蒙版制作旋转扭曲效果。

（2）绘制波浪线条和波浪图形，运用"混合"命令制作波浪线条混合效果。

（3）输入海报文字，绘制文字装饰，使用"自由变换工具" 制作文字的透视效果。

（4）添加海鲜火锅图像，以及海浪等装饰图形，完善海报内容。

具体设计过程如图6-56所示。

①制作旋转扭曲的背景

②绘制并混合波浪线条

③设计海报文案

④完善海报内容

图6-56　海鲜火锅海报设计过程

实训要求

（1）为营造更文明、安全、和谐的居住环境，提升公众对"文明养犬"的认识，某社区准备设计相关公益海报，强调养犬人的责任与义务。

（2）海报色彩明亮、温暖，主题突出，体现文明养犬基本守则。

（3）海报尺寸为1242px×2688px，分辨率为72像素/英寸。

操作思路

（1）绘制背景矩形、由圆形组成的狗狗脚印图形。

（2）添加狗狗图像素材，沿狗狗轮廓绘制路径，使用"路径文字工具" ![icon] 输入标语。

（3）绘制多个矩形，运用"形状生成器工具" ![icon] 合并相交的矩形，然后在上面输入文明养犬基本守则。

（4）在海报上分别输入海报标题等文字，添加脚印图形和装饰线条。

具体设计过程如图6-57所示。

①绘制狗狗脚印图形　②围绕狗狗图像输入标语　③输入文明养犬基本守则　④完善海报内容

图6-57　文明公益海报设计过程

实训 3　设计节气海报

实训要求

（1）采用膨胀风格设计春分海报，海报画面充满希望和生机，运用嫩绿色、淡粉色、白色、天蓝色等清新自然的颜色，整体设计具有创意性。

（2）海报尺寸为1242px×2250px，分辨率为72像素/英寸。

操作思路

（1）绘制花朵、绿叶等图形，展示春天的生机与活力。

（2）使用"膨胀"命令制作背景的膨胀效果。

（3）输入与春分相关的文字，并制作路径文字，以增添画面的活泼性。
具体设计过程如图6-58所示。

①绘制背景　　　　②制作膨胀效果　　　　③输入文字

图6-58　节气海报设计过程

6.6　AI辅助设计

稿定 AI　设计电商海报

稿定AI是稿定设计平台推出的AI产品，提供AI作图、AI文案、AI素材等多种工具，还可针对常见场景智能匹配并套用设计模板，以高效率、批量地生成多种营销场景的创意内容，广泛应用于广告、新媒体、电商等领域。在电商视觉设计方面，稿定AI能提供丰富的智能化设计模板，并使用AI技术生成电商营销文案和设计图。例如，使用稿定AI设计关于家电促销活动的电商海报。

智能设计

使用方式：选择模式 → 描述设计需要 → 生成文案 → 上传商品图。

模式：AI设计／电商／竖版电商海报。
描述设计需求：家电促销活动。
AI生成文案：

上传商品图：

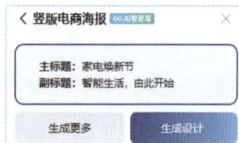

示例效果如下。

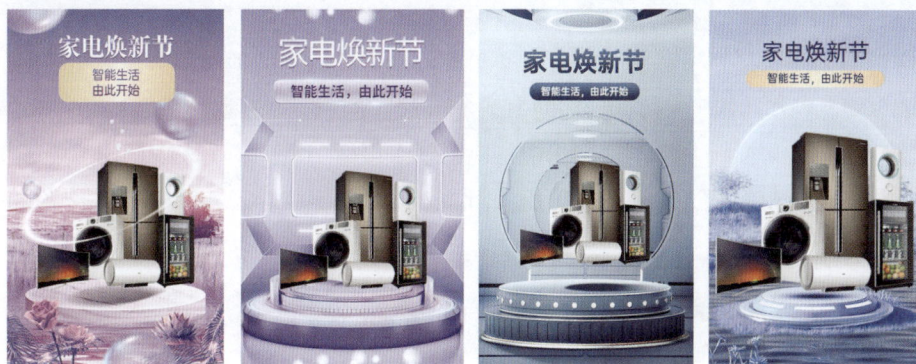

文心一格 设计茶园海报背景

　　文心一格是基于AI技术开发出的艺术和创意辅助平台，具有文生图、图生图、生成艺术字、生成商品图、生成海报、风格迁移等功能，还提供AI编辑功能，如扩展图片、涂抹消除、智能抠图等。其中，生成海报功能支持版式布局与风格选择，设计人员还可分别描述海报主体、海报背景。例如，使用文心一格设计茶园海报背景。

文生图

使用方式：输入关键词。

关键词描述方式：主体描述+背景描述。

主要参数：版式、比例、布局、风格、数量。

示例效果如下。

模式：AI创作／海报。

海报主体：茶，茶园，茶田，春茶。

海报背景：茶田，山峦，树木，草丛，自然风景，小木屋，传统风格，清新风格，明亮，浅色调，以浅绿色为主色。

版式：竖版9∶16中心布局。

海报风格：平面插画。

数量：2。

百度智能云一念 设计汽车海报

百度智能云一念是基于百度文心大模型和AI技术打造的智能创作平台，集文、图、视频等多种内容模态创作功能于一体，旨在助力个人和企业更便捷、高效地获取内容创作灵感和营销物料，应用场景和模板非常丰富。其中，视频创作包括AI视频、图表动画、智能云剪等功能，图片创作包括AI作画、AI海报等功能。例如，使用百度智能云一念的AI海报功能设计汽车海报。

智能生图

使用方式：上传主体图 → 输入海报主副标题 → 选择比例与背景。

模式：AI海报／汽车海报。

主标题：生态科技汽车。

副标题：畅轻节能　速速生风。

物料比例：16：9。

上传主体图：

背景1：冰川雪景。

示例1效果：

背景2：秋日风景。

示例2效果：

背景3：极光星空。

示例3效果：

背景4：现代建筑。

示例4效果：

👆 **拓展训练**

请使用稿定AI或百度智能云一念，基于提供的护肤品图像素材设计一张护肤品海报，要求风格简约、清新，色彩淡雅、柔和。

6.7 课后练习

1. 填空题

（1）公益海报是指不以_____为目的，服务于_____的海报。

（2）_____版面构图将海报元素集中做水平或垂直方向的排列。

（3）使用"指定的步数"选项混合对象时，步数数值越_____，对象之间过渡得越平滑。

（4）使用_____工具可以合并多个形状区域。

2. 选择题

（1）【单选】在Illustrator中建立混合的快捷键为（   ）。

A.【Ctrl+A】　　　　B.【Shift+A】　　　　C.【Shift+B】　　　　D.【Alt+Ctrl+B】

（2）【单选】（   ）的生成海报功能支持版式布局与风格选择，设计人员还可分别描述海报主体、海报背景。

A. 文心一言　　　　B. 文心一格　　　　C. 稿定AI　　　　D. 百度智能云一念

（3）【多选】使用"吸管工具" 🖊可以复制的属性有（   ）。

A. 描边　　　　　　B. 填充　　　　　　C. 字符样式　　　　D. 段落样式

（4）【多选】下列关于海报构图的说法中，正确的有（   ）。

A. 四角形版面构图将相似的海报元素分别放置在版面四角，以带来严谨、规范的感觉

B. 骨骼型版面构图将所有的设计元素按照一定的框架进行排列和组合，每个框架的大小不一定相同，且可以承载不同类型的元素

C. 分割式版面构图将海报版面分为明显的两部分，一部分主要用于放置图形，另一部分主要用于放置文字

D. 对称式版面构图利用对角线作为海报元素排列的走向，能增强延伸感和视觉冲击力

3. 操作题

（1）某公司需要以字母"C"为核心元素设计立体感十足的线条文字海报，要求利用文字、图形和线条等元素设计A4大小的海报，参考效果如图6-59所示。

（2）某商场需要设计一张儿童节海报张贴在商场中，以传递节日的祝福和对孩子们的关爱。要求合理搭配文案，添加与节日相关的装饰图形，主题突出，海报尺寸为810px×1200px，参考效果如图6-60所示。

（3）以"弹钢琴的人"为主题设计手机海报，要求使用文心一格进行AI创作，海报要具有氛围感，以夜晚星空为背景，参考效果如图6-61所示。

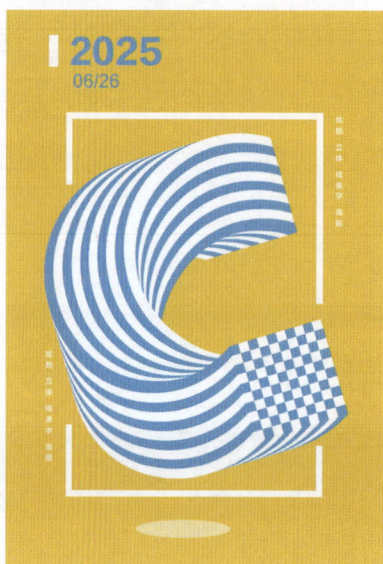

图6-59　线条文字海报

图6-60　儿童节海报

图6-61　手机海报

Ai

第 **7** 章

图书封面设计

图书封面是图书的外包装，也是图书的重要组成部分，不仅起着保护图书的作用，还具有吸引读者注意、传达图书内容或主题，以及反映图书风格和作者意图等多重作用。图形创意在图书封面设计中的应用，可以为图书带来更多亮点，更加鲜明、生动地传达图书主题、类型、气质与风格，并有效提升读者的阅读兴趣。

学习目标

▶ **知识目标**

◎ 掌握图书封面设计的构成与尺寸。
◎ 掌握图书封面设计形式与创意表现方法。

▶ **技能目标**

◎ 能够从专业的角度设计不同类型的图书封面。
◎ 能够使用 Illustrator 为图书封面制作创意画面和特殊效果。
◎ 能够借助 AI 工具完成图书封面的图形创意设计。

▶ **素养目标**

◎ 培养对图书封面设计的兴趣，提高文化素养和社会责任感。
◎ 提高对图书封面图形设计的创新能力，培养构思与制作不同主题的图书封面的能力。

学习引导

STEP 1　相关知识学习　　　　建议学时：___1___ 学时

课前预习
1. 扫码了解图书的结构，以及图书封面设计原则，建立对图书封面设计的基本认识。
2. 在网络上搜索并欣赏图书封面设计案例，提升对图书封面的审美水平。

课前预习

电子书

课堂讲解
1. 图书封面设计的构成与尺寸。
2. 图书封面设计形式和创意表现方法。

重点难点
1. 学习重点：前封、书脊、后封、勒口等的设计。
2. 学习难点：构成型、添加型、综合表现型封面，基于图形进行封面创意。

STEP 2　案例实践操作　　　　建议学时：___2___ 学时

实战案例
1. 设计科技类图书封面。
2. 设计文学类图书封面。

操作要点
1. 创建文字轮廓。
2. "模糊"效果组、"扭曲"效果组、"羽化"效果、"像素化"效果组、"段落"面板、文本绕排。

案例欣赏

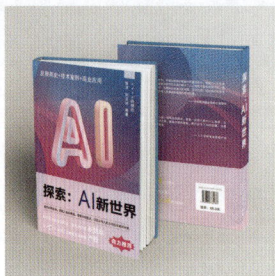

STEP 3　技能巩固与提升　　　　建议学时：___2___ 学时

拓展训练
1. 设计儿童读物类图书封面。
2. 设计漫画类图书封面。

AI 辅助设计
1. 使用360智绘生成封面插图。
2. 使用通义万相设计书名艺术字。

课后练习
通过练习题巩固行业知识，提升设计能力与实操能力。

7.1　行业知识：图书封面设计基础

图书封面设计是结合了创造力、理解力和制作技巧的综合过程。要想设计出优秀的、极具创意的图书封面，设计人员必须充分理解和掌握封面设计的相关知识和方法，综合考虑多方面要素，使封面美观统一、与图书内容相符，从而吸引读者的注意力，传达出图书的主题和价值。

7.1.1　图书封面设计的构成与尺寸

图书封面的构成针对平装和精装两种装帧形式有所不同。平装书的封面构成包括前封、后封、书脊，有的还包含勒口，如图7-1所示。精装书的封面构成则包括外封和内封，外封即护封，内封相当于平装书封面，其设计一般相对更简洁。

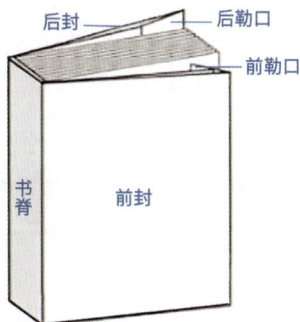

图7-1　平装书的封面构成

- 前封。前封也是狭义上的封面，是指图书的正面首页，大多印有书名、著作者名和出版机构名，以及反映图书的内容、性质、体裁的主体图形。书名通常位于前封的主要位置，且较醒目，而著作者名和出版机构名一般都位于从属位置，且文字较小。图书前封的尺寸根据图书的开本而有所不同，常用尺寸有297mm×210mm、285mm×210mm、260mm×185mm、184mm×130mm等。

设计大讲堂

　　图书的开本是指图书的幅面大小，它决定图书的整体尺寸和设计。开本根据整张纸裁开的张数定义，比如将一整张纸切成幅面相等的16小页，就叫16开；切成32小页则叫32开，以此类推。

- 书脊。书脊是位于前封与后封之间，因图书的厚度而形成的图书侧面，其内容主要包含书名、出版机构名、著作者名。图书的厚度由图书页数和所用纸的单张厚度决定，一般100页左右的图书的厚度为5mm，200页左右的图书的厚度为10mm。
- 后封。后封又称封底，是整本书的最后一页，通常放置出版机构标志、系列丛书书名、图书价格、条形码、责任编辑姓名、封面设计者姓名及有关插图等。后封的设计一般较前封更简单，但要和前封及书脊的色彩、字体编排方式统一，如对前封与书脊进行补充、重复、延续等。后封的尺寸与前封相同。
- 勒口。勒口又被称为折口，是指在前封和后封多留一定宽度的纸张，并向书内折叠的部分。前封内折部分称为前勒口，后封内折部分称为后勒口。勒口的内容可以包含著作者简介、内容提要、推荐语、系列丛书展示、装帧设计人员姓名、责任编辑姓名、名人名言等。勒口的宽度通常为5~10cm，高度与前封相等。
- 护封。护封也称封套、全护封、包封或外包封，是指包裹在图书封面外的另一张外封面，主要起到保护和装饰封面，以及宣传图书的作用。护封呈扁长形，其高度与前封相等，能包裹住其内部的图书前封、后封、书脊，并在两边各有一个约5～10cm的向内折进的勒口。护封多采用美观的色彩、具有创意性的图形与文字编排方式、精美的材料、独特的印刷工艺等，以增强图书视觉表现力，提高图书对读者的吸引力。

7.1.2　图书封面设计形式

不同的封面设计形式可以带来不同的视觉效果。封面应为内容服务、贴题、有感染力。

● **直表型**。直表型封面只展示图书的关键信息，如书名、著作者名、出版机构信息等，一般使用纯色纸张，印刷1～2种色彩，常用于教材、学术专著、文艺类图书等，如图7-2所示。这类封面的特点是内容明确、简洁，能够迅速传递信息，使读者在短时间内了解图书的关键信息。在设计方面，直表型封面可以采用清晰明了的字体和色彩搭配来突出重点信息，注意文字编排要美观，视觉效果要舒适。

● **构成型**。构成型封面一般使用简单的图形来点缀，或将封面文字、图形排列成有规律的版式，适用于注重形式感的文艺类图书、设计类图书、心理学类图书等，如图7-3所示。构成型封面强调整体构图的合理性，以及不同元素之间的协调性。

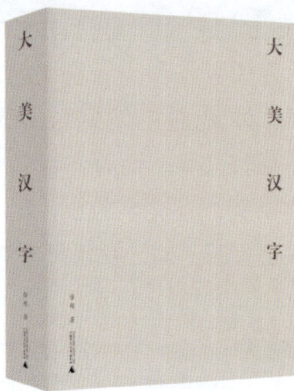

图7-2　直表型封面　　　　图7-3　构成型封面

● **添加型**。添加型封面使用附加元素来增强艺术感和吸引力，如使用反映内容要点的图像（插画或摄影作品）、与图书相关的简要说明文字，以突出图书的特点和卖点，常用于文学小说、诗集、传记以及休闲娱乐类图书，如图7-4所示。这种设计既能够突出重点信息，又能够增强艺术感和吸引力。在添加型封面设计中，设计人员需要重点注意所添加元素的数量和位置，避免使封面显得过于杂乱。

● **综合表现型**。综合表现型封面全面地运用文字、图像、图形、色彩、构图等设计要素，并混合不同的设计元素以达到更具视觉感染力、更具创意的效果，如图7-5所示，适用范围较广。这种设计形式融合了直表型、构成型和添加型的优点，能更完整地展现图书的内容，让读者通过封面就能充分了解书中的内容，其视觉表现力往往

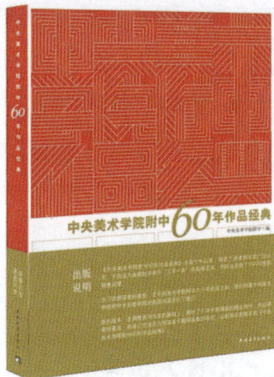

图7-4　添加型封面　　　　图7-5　综合表现型封面

让读者回味无穷。设计人员应用该形式时，需要注意各设计元素之间的协调性和平衡性，以突出图书的主题和特点，并使封面整体美观大方。

7.1.3　图书封面创意表现方法

设计人员可以基于封面的文字、图形、色彩及材料等元素进行封面创意构思，通过对这些元素的巧妙设计，体现出图书内容的独特性，将读者带入图书的氛围中。

- **基于文字进行创意**。在设计封面文字尤其是书名时，可以少用常见的字体，以图书内容为灵感展开充分的想象，通过三维化、图形化、塑造正负空间、重构等手段，重新设计文字的笔画和造型，如图7-6所示。需要注意的是，基于文字进行创意既要保证文字的辨识度，又要兼顾文字的美感。

《寻绣记》封面/设计：许天琪
该书的设计荣获第九届全国书籍设计艺术展金奖、2018年度"中国最美的书"荣誉。设计人员对封面文字进行创新设计，用绣线替代书名笔画，绣线延伸的方向极具绣线之韵味，契合刺绣的图书主题。此外，封面左侧大面积的红色部分采用了手工剪裁的刺绣原材料织物，视觉效果和书名相呼应。

图7-6　基于文字进行创意的图书封面

- **基于图形进行创意**。在封面设计中加入与图书主题相关的图形元素，不仅可以传递出图书的主题和重点信息，还能带来强烈的视觉冲击，使读者与图书封面进行深入的交流，如图7-7所示。添加的封面图形需要突出图书特点，不要过于复杂和花哨，以便读者快速理解。例如，对于小说类图书，人物形象、场景图等是常用的图形元素；而对于科技、商业类的图书，则可以使用流程图、数据图表等来展现冷静、理性、专业的图书特点。

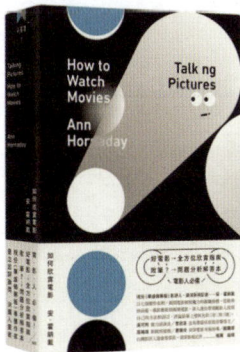

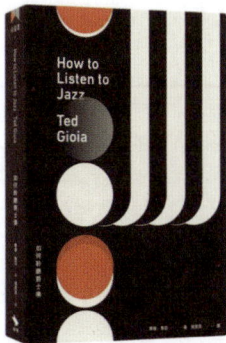

《如何欣赏电影》《如何聆听爵士乐》封面/设计：王志弘
设计人员在《如何欣赏电影》图书封面中，通过几何图形传达放映的概念，呼应欣赏电影的主题，简单且巧妙。《如何聆听爵士乐》图书封面也采用了同样风格的图形，展现出常用的乐器——钢琴，呼应该书的主题。

图7-7　基于图形进行创意的图书封面

设计大讲堂

基于图形进行创意的手法包括写实、写意和概括3种。其中，写实手法多用于通俗读物，可以通过具象的图形帮助读者更深入地理解内容；写意手法则多用于文艺类图书，以委婉含蓄的方式表达书中的情感；概括手法也称为抽象手法，常用于科技或自然类图书，通过图形表达那些难以用语言描述的抽象内容。

● **基于色彩进行创意**。基于色彩进行创意的图书封面常搭配和运用不同色彩，以传递不同的情感和意义，如图7-8所示。理论著作适合使用平和的色彩来渲染厚重的情感；儿童图书应采用鲜艳、活泼的色彩以提升吸引力；流行小说则应采用流行色以顺应市场趋势。总之，应根据图书的内容和读者群体来选择合适的封面色彩。

"流金文丛"丛书封面/设计：潘焰荣
该丛书的封面采用色块构成对称型版式，每本书都运用了一组对比色来增强视觉冲击力，能很好地吸引读者注意，并有效强调色块上的文字。不同色块的对比又为封面增添了浓墨重彩又大气的感觉，彰显了丛书所涉及的知名作家的风采。

图7-8　基于色彩进行创意的图书封面

● **基于材料进行创意**。从图书的实体呈现来看，图书封面包含两个层面的内容：一是由文字、图形、色彩构成的艺术性层面，二是由印刷工艺和纸张质地构成的材料层面。材料是决定图书封面品质的重要因素，也是图书封面实体化呈现的重要部分。不同的材料可以赋予图书不同的质感和触感，如使用金属材料制作庄重大方、高雅美观的高档图书封面。此外，还可基于现有印刷工艺进行艺术创作，或者根据创意理念和图书内涵进行工艺革新，使新的材料和印刷工艺更好地与图书内容相匹配。基于材料进行创意的图书封面如图7-9所示。

《北桥船拳》封面/设计：周晨
该图书封面的材料对它的整体氛围有着很大的影响，草席这一新颖的封面材料，给读者带来了截然不同的视觉体验，仿若草香扑面而来。这种材料的运用与书的核心内容相得益彰，提升了这本书的人文内涵。

图7-9　基于材料进行创意的图书封面

7.2　实战案例：设计科技类图书封面

案例背景

　　随着科技的飞速发展，AI已经从梦想变为现实，并在各个领域产生了巨大影响。某出版社近期准备出版《探索：AI新世界》科技类图书，现需要设计该书封面，包括前封、书脊和后封3部分，具体要求如下。

　　（1）前封、书脊和后封3个部分的风格一致，布局合理，画面具有艺术美感和创意性。

　　（2）主题清晰，能够充分表达出图书主题，为读者提供丰富的想象空间。

　　（3）前封和后封尺寸为210mm×297mm，书脊厚度为30mm，采用CMYK颜色模式，分辨率为300像素/英寸。

设计思路

　　（1）图形设计。采用抽象的几何图形、有自由感和韵律感的曲线设计出封面背景，然后将图书重点"AI"文字以立体化的形式展示，以呈现出独特且吸睛的视觉效果。

　　（2）文字设计。需要展示书名、作者名、出版社名、价格、推荐人（推荐语）等必要的文字信息，可加大书名文字，以加深读者对图书的印象。

　　（3）色彩设计。为了表现出未来感和神秘感，可以蓝紫色为主色调；为了使色彩设计更加丰富和有层次感，可以粉色、白色和黑色为辅助色，以黄色、洋红色为点缀色。

　　本例的参考效果如图7-10所示。

图7-10　科技类图书封面参考效果

操作要点

　　（1）以线的方式制作任意形状渐变，并结合混合工具制作封面背景。

　　（2）通过"创建轮廓"和"凸出和斜角"命令制作立体字。

　　（3）运用文字工具、直排文字工具、"转换为区域文字"命令输入文字。

　　（4）运用"字符"面板设置文字格式，并运用修饰文字工具调整个别文字。

操作要点详解

电子书

（5）使用晶格化工具制作具有特殊效果的图形。

7.2.1 制作封面背景

先绘制背景图形并填充渐变颜色，然后制作有疏密变化的抽象曲线，增添封面的韵律感，最后通过绘制矩形来分割和布局封面。具体操作如下。

微课视频

制作封面背景

（1）新建名称为"科技类图书封面"，大小为"210mm×297mm"，分辨率为"300像素/英寸"，颜色模式为"CMYK颜色"，上下左右出血均为"3mm"的文件。使用"画板工具" ⬚ 在画板1左侧依次绘制和书脊、后封尺寸相同的两个画板。

✐ 设计大讲堂

出血线是用来界定印刷品哪些部分需要被裁切掉的线，被裁切的部分称为"出血部分"，简称"出血"。由于在印刷时无法完美地对齐纸张，裁切位置并不十分精准，为确保印刷品被完整印刷，避免裁切后的成品露白边或被裁掉内容，设计人员在进行图书封面设计时应在画面周围设置出血线。出血线以外的区域即出血区域，该区域不放主要内容，而是将作品背景色或图形延伸至该区域。出血区域的大小根据具体的设计需求和印刷要求而定，一般预留2mm～4mm的宽度。

（2）使用"矩形工具" ⬚ 绘制一个与封面和出血区域等大的矩形，打开"渐变"面板，单击"任意形状渐变"按钮 ■，选中"线"单选项，参考"曲率工具" ✐ 的使用方法在矩形中单击以添加色标并绘制线条，按【Enter】键结束绘制，然后依次选中每个色标，为其设置颜色，如图7-11所示。

（3）使用"椭圆工具" ◯ 绘制3个大小不同的圆形，用点的方式为其填充任意形状渐变颜色，如图7-12所示。编组这3个圆形，在"属性"面板中设置该组圆形的不透明度为"50%"，效果如图7-13所示。

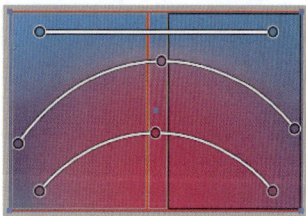

| 图7-11 设置矩形渐变 | 图7-12 为圆形填充渐变颜色 | 图7-13 设置圆形的不透明度 |

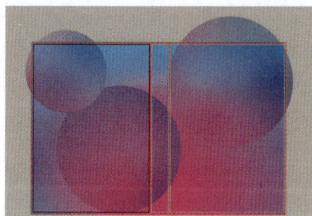

（4）使用"钢笔工具" ✐ 在封面上方绘制两条紫色（#680273）曲线，如图7-14所示。

（5）选择"混合工具" ▣，依次单击上方曲线左端、下方曲线左端，制作混合效果。为使效果更符合需求，在选中混合对象后双击"混合工具" ▣，打开"混合选项"对话框，在"间距"下拉列表中选择"指定的步数"选项，并在右侧的数值框中设置步数为"60"，单击 确定 按钮，效果如图7-15所示。

（6）混合对象将自行编组，在"属性"面板中设置整个编组的混合模式为"滤色"。

（7）在封面底部绘制一个较长的白色矩形，在封面右上角绘制一个白色小矩形，设置不透明度均为"63%"，效果如图7-16所示。

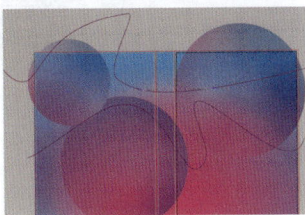

图7-14　绘制紫色曲线　　　图7-15　混合曲线效果　　　图7-16　设置不透明度

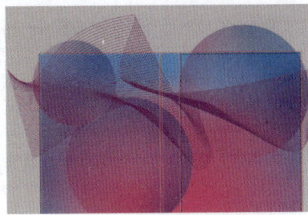

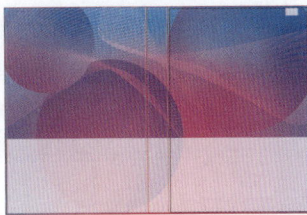

操作小贴士

创建混合对象后，还可以继续添加其他混合对象，操作为：选择"混合工具" ，单击混合路径中最后一个混合对象路径的锚点，接着在想要添加的其他对象路径锚点上单击。

7.2.2　制作立体字

微课视频

制作立体字

为突出主题，可先添加有渐变描边的"AI"文字，然后使用"凸出和斜角"命令使其呈现立体效果。具体操作如下。

（1）选择"文字工具" ，设置字体为"方正粗圆简体"，字号为"395pt"，取消填充，设置描边为白色，描边粗细为"27pt"，在前封中输入"AI"文字。选择【文字】/【创建轮廓】命令，或按【Shift+Ctrl+O】组合键，效果如图7-17所示。

（2）选择"直接选择工具" ，拖曳字母"A"中小三角形的边角构件 ，使3个尖锐的角变为圆角。取消编组字母"A"和字母"I"的轮廓路径，调整二者的大小和位置。依次修改字母"A"和"I"的描边色为线性渐变颜色，效果如图7-18所示。

（3）选中字母"A"，选择【效果】/【3D和材质】/【凸出和斜角】命令，打开"3D和材质"面板，在"对象"选项卡中设置深度为"50px"，在"旋转"栏中设置X、Y、Z分别为"171.5°""-143°""173.5°"。切换到"光照"选项卡，在"颜色"栏中设置强度为"44%"，旋转为"117°"，高度为"58°"，软化度为"68%"，选中"环境光"复选框，设置环境光的强度为"200%"。

（4）此时立体字左侧稍显暗淡，为了提高亮度，单击"添加光源"按钮 ，设置光源的强度为"92%"，旋转为"-171°"，高度为"32.5°"，软化度为"41%"。

（5）使用与步骤（3）、步骤（4）相似的方法，为字母"I"制作立体效果，效果如图7-19所示。

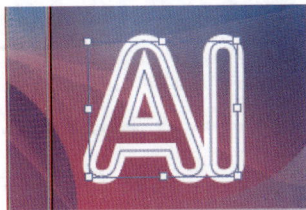

图7-17　创建文字轮廓　　　图7-18　设置渐变描边　　　图7-19　立体字效果

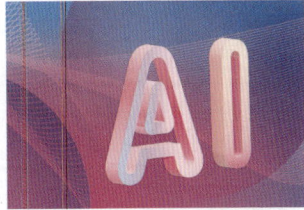

微课视频

制作封面文字部分

7.2.3 制作封面文字部分

可按照前封、书脊、后封的顺序依次添加文字。本书前封主要包含书名、出版社名、作者名、推荐信息、内容简介，书脊包含书名、出版社名、作者名，后封则包含推荐语、条形码、宣传语。具体操作如下。

（1）选择"文字工具" T，设置字体为"方正兰亭粗黑简体"，文字颜色为黑色，在"AI"立体字下方输入书名文字。

（2）选择"修饰文字工具" T，在书名的字母"A"上单击，将其单独选中，如图7-20所示。修改该字母的字体为"方正黑体简体"，文字颜色为深蓝色（#1D2088），然后拖曳该字母的定界框右上角的控制点将其稍微放大，再向下拖曳字母使其略微下移。

（3）使用与步骤（2）相似的方法处理字母"I"，效果如图7-21所示。

（4）在书名下方输入内容简介、推荐信息，并设置合适的文字格式，如图7-22所示。

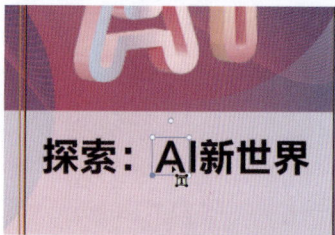

| 图7-20 选中单个文字 | 图7-21 修饰字母效果 | 图7-22 输入并设置其他文字 |

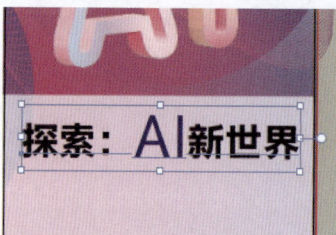

（5）在内容简介上方和下方各绘制一条黑色横线，设置描边粗细为"0.5pt"。在"鼎力推荐"文字下绘制一个洋红色椭圆形，设置其描边粗细为"2pt"。选择【窗口】/【色板库】/【渐变】/【中性色】命令，打开"中性色"色板库面板，选择其中的"中性色20"选项，应用效果如图7-23所示，制作出推荐标签。

（6）选择"晶格化工具" ，双击该工具图标，打开"晶格化工具选项"对话框，设置宽度、高度分别为"200pt""150pt"，单击 确定 按钮。使用"晶格化工具" 在椭圆形中心点处单击，将产生类似炸开的变形效果，以有效突出该标签，如图7-24所示。

（7）选择"直排文字工具" ，在前封右上角输入出版社名和作者名，以及其他内容简介文字，并设置合适的文字格式，如图7-25所示。

| 图7-23 应用色板库效果 | 图7-24 制作变形效果 | 图7-25 添加并设置其他文字 |

（8）复制出版社名和作者名到书脊下半部分，使用"直排文字工具" 在书脊上半部分输入书名文字，如图7-26所示。

（9）选择"修饰文字工具" ，选中冒号，将其逆时针旋转90°，然后移到"索"字下方中央，如图7-27所示。

（10）使用"直排文字工具" 选中"AI"文字，选择【窗口】/【文字】/【字符】命令，或按【Ctrl+T】组合键打开"字符"面板，单击面板右上角的 按钮，在弹出的菜单中选择"直排内横排"命令。

（11）虽然此时"AI"文字已经横排排列，但与上方的冒号间距过大，因此选择"直排文字工具" ，单击冒号下方位置以插入光标，然后在"字符"面板中设置字距微调为"-400"，如图7-28所示。

（12）使用"文字工具" 在后封左下方输入宣传语并设置文字格式，然后打开"条形码.ai"素材，将其中的条形码移到后封右下方，效果如图7-29所示。

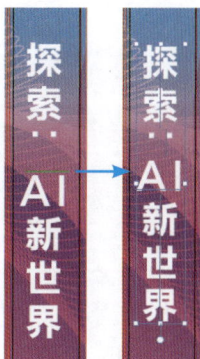

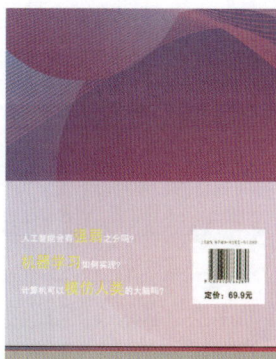

图7-26　输入书名　　图7-27　修饰冒号　　图7-28　设置字距微调　　图7-29　添加条形码

（13）打开"推荐语.txt"素材，复制其中的第一段推荐语。选择"文字工具" ，设置字体为"方正黑体简体"，字号为"13pt"，行距为"18pt"，字距为"0"，在后封上方插入光标，粘贴推荐语文字，如图7-30所示，发现推荐语以点文字的形式单行排列。

（14）选择【文字】/【转换为区域文字】命令，向左拖曳文字区域右侧的边框，减小边框宽度；向下拖曳文字区域底部的边框，增大边框高度，使文字完全显示，如图7-31所示。

（15）在破折号"——"前方单击以插入光标，按两次【Enter】键换两行，然后在控制栏中单击"右对齐"按钮 ，将推荐人这一行文字右对齐，如图7-32所示。

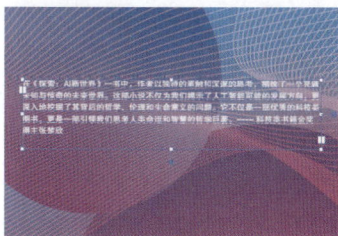

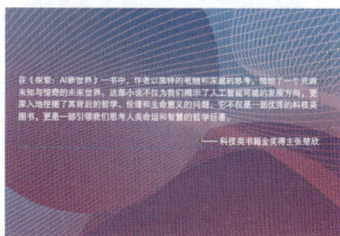

图7-30　复制文字　　　　图7-31　文字完全显示效果　　　　图7-32　右对齐最后一行文字

（16）使用与步骤（13）~步骤（15）相似的方法，添加第二段推荐语文字，完成封面的制作。

7.3 实战案例：设计文学类图书封面

📋 案例背景

《消散的D》是一部扣人心弦的悬疑小说，由于该书的市场销量较高，读者反馈较好，出版社准备以精装书的形式重新包装出售，现需要进行精装书封面设计，具体要求如下。

（1）设计前封、书脊、后封、前后勒口，风格统一，各画面具有联系。

（2）利用光影对比和色彩增强紧张感，营造"消散"与"悬疑"的氛围。

（3）对核心元素字母"D"进行巧妙设计，暗示其作为案件关键线索的重要性。

（4）前封和后封尺寸为170mm×230mm，书脊厚度为24mm，前后勒口尺寸均为80mm×230mm，采用CMYK颜色模式，分辨率为300像素/英寸。

💡 设计思路

（1）图形设计。为字母"D"制作粒子消散特效，为背景图像制作径向模糊和玻璃扭曲效果，以营造深邃、神秘的悬疑氛围。

（2）文字设计。为作者名、出版社名、内容简介、内容亮点、读者互动等文字应用易于识别的黑体类字体，为书名应用较粗的宋体类字体，使书名与其他文字形成对比。

（3）色彩设计。文字以白色为主，背景以彩色颜料绘画图像为主，色彩鲜艳、艺术感强烈。

本例的参考效果如图7-33所示。

图7-33 文学类图书封面参考效果

🖱 操作要点

（1）运用"径向模糊""玻璃""羽化""铜版雕刻"命令制作特效。

（2）使用"段落"面板设置段落格式，运用"文本绕排"命令绕排文本。

操作要点详解

电子书

7.3.1 制作模糊、扭曲及消散特效

为了增强封面的氛围感，契合悬疑小说的风格，可以运用Illustrator中的预设效果为封面

背景图像和字母"D"制作特效,强调书名中的"D"和"消散"。具体操作如下。

微课视频

制作模糊、扭曲及
消散特效

(1)新建名称为"文学类图书封面",大小为"170mm×230mm",分辨率为"300像素/英寸",颜色模式为"CMYK颜色",上下左右出血均为"3mm"的文件。使用"画板工具" 在画板1两侧绘制与书脊、前后勒口、后封尺寸相同的4个画板。

(2)置入"封面背景.jpg"素材,调整其大小和位置,使其铺满整个画面,如图7-34所示。

(3)选择【效果】/【扭曲】/【玻璃】命令,打开"玻璃"对话框,设置扭曲度、平滑度、纹理、缩放分别为"5""3""磨砂""100%",单击 确定 按钮,效果如图7-35所示。

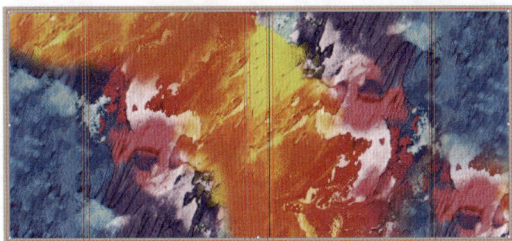

图7-34　调整背景

图7-35　制作磨砂玻璃效果

(4)原位复制一份背景素材,选中复制后的素材,在控制栏中单击 裁剪图像 按钮,拖曳裁剪框至图7-36所示的位置,然后单击 应用 按钮。

(5)选择【效果】/【模糊】/【径向模糊】命令,打开"径向模糊"对话框,设置数量、模糊方法、品质分别为"28""旋转""好",单击 确定 按钮。

(6)选择【效果】/【风格化】/【羽化】命令,打开"羽化"对话框,设置半径为"20mm",单击 确定 按钮,效果如图7-37所示。

(7)选择"文字工具" ,设置字体为"方正兰亭大黑简体",在前封中输入字母"D",在其上单击鼠标右键,在弹出的快捷菜单中选择"创建轮廓"命令,选择"直接选择工具" ,向左拖曳字母左侧的锚点,如图7-38所示。

图7-36　裁剪图像

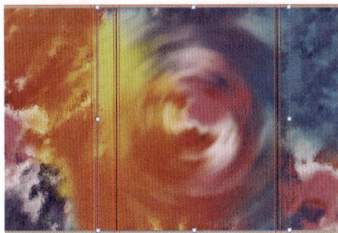

图7-37　制作径向模糊和羽化效果

图7-38　拖曳左侧锚点

(8)绘制与变形后的"D"大小相同的矩形,为其创建默认的黑白渐变。选择【效果】/【像素化】/【铜版雕刻】命令,打开"铜版雕刻"对话框,在"类型"下拉列表中选择"粒状点"选项,单击 确定 按钮,效果如图7-39所示。

(9)选中矩形,选择【对象】/【扩展外观】命令,在控制栏中单击 图像描摹 按钮,将其转换为矢量图形,再在控制栏中单击 扩展 按钮,然后用"魔棒工具" 在扩展图形的白色区域处单击,按【Delete】键删除选中区域,得到粒子消散效果,如图7-40所示。

（10）选中粒子消散编组，修改其填充为白色。选择变形后的"D"，按【Shift+Ctrl+]】组合键将其置于顶层。同时选中"D"和粒子消散编组，按【Ctrl+7】组合键建立剪切蒙版，效果如图7-41所示。

（11）选择整个"D"字粒子消散效果剪切组，选择【对象】/【变换】/【镜像】命令，选中"垂直"单选项，单击 复制（C）按钮。将镜像后的剪切组移到下方，并适当放大，如图7-42所示。

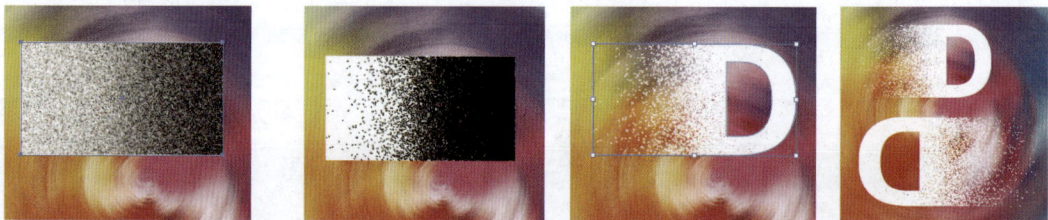

图7-39　制作铜版雕刻效果　图7-40　制作粒子消散效果　图7-41　剪切蒙版　图7-42　制作镜像"D"

7.3.2　输入并设置文字

该小说封面需添加大段文字，适合运用区域文字的方式输入，还可通过"段落"面板设置合适的段落间距和项目符号等。另外，运用"文本绕排"命令可制作出文字围绕人物剪影图像排列的效果，以增添创意和吸引力。具体操作如下。

（1）使用"文字工具" T 和"直排文字工具" IT 在前封中输入书名、宣传语、出版社名和作者名，然后使用"直线段工具" ／ 在出版社名和作者名之间绘制一条横线作为装饰。

（2）使用"直排文字工具" IT 在书脊中输入书名，并在书脊上方、下方制作粒子消散效果，设置粒子消散效果的混合模式为"叠加"，效果如图7-43所示。

（3）置入"条形码.png"素材，放到封底右下角，在封底左下角输入图书分类建议说明，然后在封底上方绘制一个较大的矩形，用作区域文字框，如图7-44所示。

（4）选择"区域文字工具" ⬚，单击矩形路径边缘，即可插入区域文字，同时矩形的填充和描边属性将消失，矩形直接转换为文字定界框。复制"悬疑小说封面文字.txt"素材中的内容简介文字部分，将其粘贴到定界框中，设置合适的文字格式，如图7-45所示。

（5）选择【窗口】/【文字】/【段落】命令，或按【Alt+Ctrl+T】组合键打开"段落"面板，单击"两端对齐，末行左对齐"按钮▤，设置首行左缩进为"28pt"，段后间距为"16pt"，避头尾集为"严格"。

（6）打开"剪影.ai"素材，将其中的人物编组复制到区域文字中间，调整其大小，如图7-46所示。

（7）选择【对象】/【文本绕排】/【文本绕排选项】命令，打开"文本绕排选项"对话框，设置位移为"10pt"，单击 确定 按钮。选择【对象】/【文本绕排】/【建立】命令，人物剪影将被建立为文本绕排对象，周围的区域文字将以10pt的距离围绕人物剪影排列，如图7-47所示。

（8）在后勒口输入内容亮点、读者互动信息和封面设计署名信息，设置为居中对齐，然后在署名信息周围绘制矩形进行装饰，如图7-48所示。

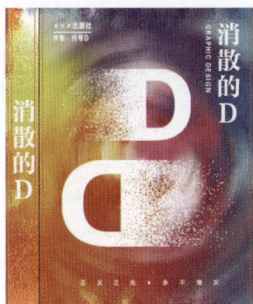

图7-43　书脊和前封效果　图7-44　绘制矩形　图7-45　添加文字　图7-46　添加剪影素材

（9）选中内容亮点、读者互动信息，打开"段落"面板，设置段后间距为"5pt"。使用"文字工具" T 选中"读者互动"标题下方的所有文字，在"段落"面板中单击"项目符号"按钮 右侧的 按钮，在弹出的面板中选择 选项，效果如图7-49所示。

（10）在前勒口中输入作者简介、特别推荐等区域文字，并设置合适的文字格式，效果如图7-50所示。

图7-47　绕排效果　图7-48　绘制矩形　图7-49　设置项目符号　图7-50　前勒口效果

7.4 拓展训练

实训 1　设计儿童读物类图书封面

实训要求

（1）童心工作室编著的《毛绒玩具DIY》儿童读物需要设计封面，要求封面尽量简单易懂，插图新颖有趣，并添加与本书主题有关的毛绒图形。

（2）色彩选择要充分考虑到儿童的喜好，让儿童感到温暖、舒适、亲切。

（3）前封与后封的尺寸为183mm×180mm，书脊厚度为24mm，采用CMYK颜色模式，分辨率为300像素/英寸。

操作思路

（1）创建角点数为50的径向渐变星形，原位复制星形并将其缩小到中心。

（2）选择所有星形并混合星形，运用"收缩与膨胀"效果将其适当收缩。

（3）运用"粗糙化"效果使其边缘具有类似毛绒的感觉，通过向上拖曳中心小的星形，改变混合对象的造型。

（4）依次在毛绒图形上绘制眼镜、眼睛、嘴巴、手、投影图形。

（5）添加封面背景和条形码素材，并在前封中添加制作好的毛绒图形，然后输入封面文字。

具体设计过程如图7-51所示。

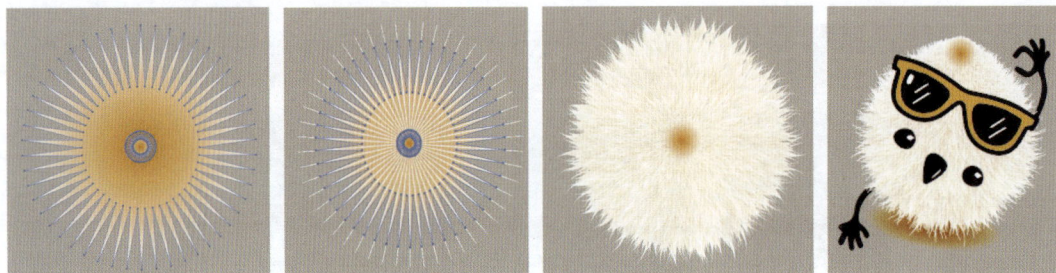

①全选两个星形　②收缩混合对象　③粗糙化混合对象　④绘制其他图形

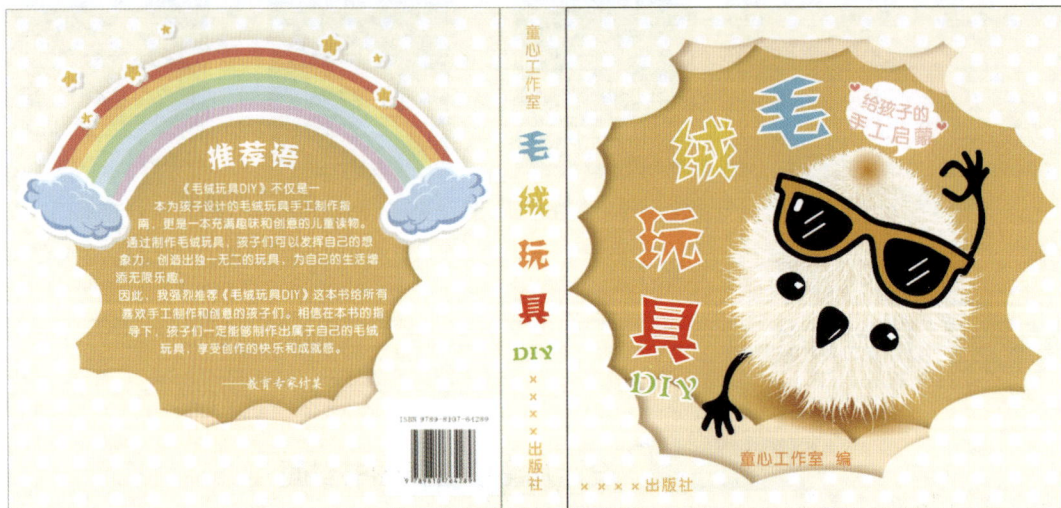

⑤添加毛绒图形并输入文字

图7-51　儿童读物类图书封面设计过程

实训2 设计漫画类图书封面

实训要求

（1）猫咪饲养丛书中的《猫咪家的日常》漫画需进行全新修订，现要设计前封、书脊、后封及前后勒口，封面需体现漫画基本信息，以增强宣传效果和吸引力，封面整体简洁、清晰、自然。

（2）前封与后封的尺寸为240mm×170mm，前后勒口的宽度均为60mm，书脊厚度为12mm，采用CMYK颜色模式，分辨率为300像素/英寸。

操作思路

（1）使用清新、自然的淡紫色铺满封面，绘制封面背景中的图形，结合"喷色描边"效果制作前封中的书名文字框。

（2）用不同饱和度的紫色铺满后勒口和书脊，在封面中输入图书基本信息、内容介绍、宣传语、推荐语、作者介绍等文字内容，并添加条形码素材。

（3）在前封中绘制猫咪、星星、尾巴等装饰元素，并为书名文字添加高光效果。

具体设计过程如图7-52所示。

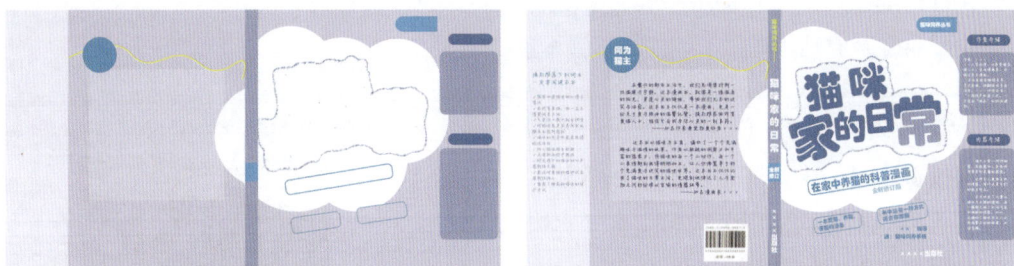

①制作封面背景

②添加文字

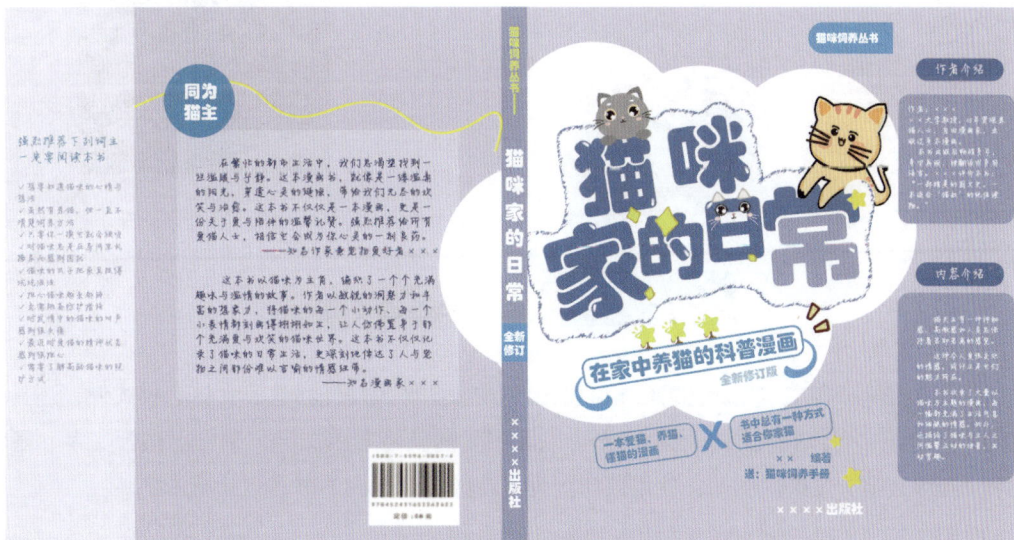

③添加装饰元素

图7-52 漫画类图书封面设计过程

7.5　AI辅助设计

360 智绘　生成封面插图

　　360智绘是360自研的一款多功能AI图像生成和编辑工具，它集成了多种先进的AI技术，旨在为用户提供智能、高效的图像处理服务，包含文生图、图生图等基本功能。此外，360智绘还提供了涂鸦生图功能，可根据用户的涂鸦实时生成精细图像，还可通过局部重绘功能局部优化图像；提供了丰富的自定义模型，用户可根据特定风格或主题生成个性化图像；配备了一系列图像编辑工具，如AI抠图、图像增强、图像扩展和融合等。例如，使用360智绘的文生图功能为《中国版画艺术集选》生成封面插图。

文生图

　　使用方式：输入关键词。
　　关键词描述方式：艺术风格+应用场景+内容元素+细节补充。
　　主要参数：比例、画质、风格、高级设置。

示例效果如下。

关键词描述：中国版画风格，线条艺术，中国古代传说绘本，插图，中国山水，水墨风，黑金配色，群山夕阳，仙楼阁，古松。
比例：3∶4。
画质：高清。
风格：通用。

通义万相　设计书名艺术字

　　通义万相除了有文本生成图像、相似图像生成、图像风格迁移这三大核心模式外，还具备AI艺术字功能，可以把图形、景物、光影以及不同的风格融入文字，制作出镶嵌文字、隐藏文字、光影文字等效果。例如，使用该功能为《诗经》封面中的书名设计艺术字。

AI艺术字

使用方式：输入文字 → 选择文字风格 → 设置比例和背景。

文字：诗经。
图片比例：9∶16。
图片背景：生成背景。
示例1文字风格：艺术风格／工笔画。
示例2文字风格：艺术风格／中国画。

示例1效果：　　示例2效果：

拓展训练

请使用360智绘和通义万相，为科普类图书《自然之美》生成封面插图和书名艺术字，通过使用不同的关键词描述和参数设置，探索不同的生成效果。

7.6　课后练习

1．填空题

（1）平装书的封面构成包括_____、_____、_____，有的还包含_____。

（2）将一整张纸切成幅面相等的16小页，就叫_____开，切成32小页则叫_____开。

（3）_____也称封套、全护封、包封或外包封，呈扁长形，是指包裹在图书封面外的另一张外封面，主要起到保护和装饰封面，以及宣传图书的作用。

（4）出血线是用来界定印刷品哪些部分需要被裁切掉的线，被裁切部分简称为_____。

（5）使用_____命令可使文本沿指定对象绕排，设置_____参数可调整绕排距离。

2．选择题

（1）【单选】图书的（　）是指图书的幅面大小，决定图书的整体尺寸和设计。

A．前封　　　　　　　B．开本　　　　　　　C．后封　　　　　　　D．护封

（2）【单选】按（　）组合键可打开"段落"面板。

A．【Alt+Ctrl+T】　　B．【Ctrl+T】　　　　C．【Shift+F3】　　　D．【Shift+F6】

（3）【多选】360智绘集成了多种AI技术，可为用户提供（　）等。

A．涂鸦生图功能　　　　　　　　　B．图像扩展和融合工具

C．AI抠图工具　　　　　　　　　　D．自定义模型

（4）【多选】下列关于图书封面设计形式的说法中，正确的有（　　）。

A．综合表现型封面使用附加元素来增强艺术感和吸引力，如使用反映内容要点的图像（插画或摄影作品）、与图书相关的简要说明文字，以突出图书的特点和卖点

B．添加型封面全面地运用文字、图像、图形、色彩、构图等设计要素，并混合不同的设计元素以达到更具视觉感染力、更具创意的效果

C．直表型封面只展示图书的关键信息，如书名、著作者名、出版机构信息等，一般使用纯色纸张，印刷1~2种色彩

D．构成型封面一般使用简单的图形来点缀，或将封面文字、图形排列成有规律的版式

（5）【多选】下列关于图书封面创意表现方法的说法中，正确的有（　　）。

A．可以通过三维化、图形化、塑造正负空间、重构等手段，重新设计封面文字的笔画和造型

B．添加的封面图形需要突出图书特点，不要过于复杂和花哨，以便读者快速理解

C．概括手法也称为抽象手法，常用于科技或自然类图书，通过图形表达那些难以用语言描述的抽象内容

D．图书封面包含两个层面的内容：一是由文字、图形、色彩构成的艺术性层面，二是由印刷工艺和纸张质地构成的材料层面

（6）【多选】Illustrator的"3D和材质"效果组中包含（　　）。

A．"旋转"效果　　　　　　　　　　　B．"凸出和斜角"效果

C．"绕转"效果　　　　　　　　　　　D．"膨胀"效果

3. 操作题

（1）某古典文学小说《游江南》以主人公游历江南为主线，展现了江南极富韵味的水乡风貌与风景名胜，以及主人公在当地遇到的趣闻轶事。现需要为该书设计前封、后封和书脊，要求视觉效果简约、古典、大气、富有韵味，能营造出悠远的意境，参考效果如图7-53所示。

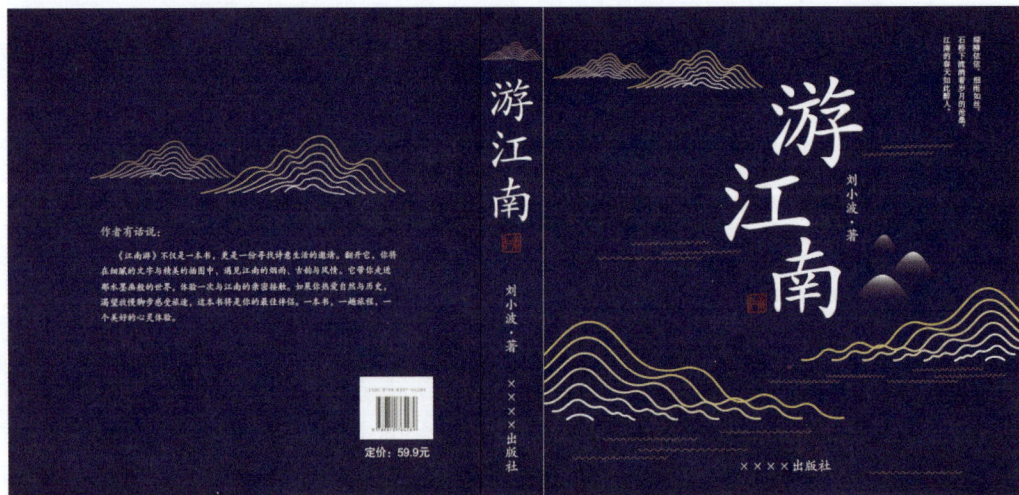

图7-53　《游江南》文学类图书封面设计参考效果

（2）某出版社发行的《Illustrator CC——平面设计核心技能修炼》准备进行修订改版，以增加全新的设计案例和慕课视频等内容，现需要为其制作具有创意的封面，要求在视觉上具有立体感和层次感，参考效果如图7-54所示。

图7-54　《Illustrator CC——平面设计核心技能修炼》设计类图书封面设计参考效果

（3）为艺术类图书《油画集》生成封面插画，要求使用360智绘或通义万相进行AI创作，图书封面具有艺术感，并包含艺术字形式的书名，参考效果如图7-55所示。

图7-55　《油画集》艺术类图书封面插画参考效果

Ai

第 章

包装设计

产品包装扮演着"隐形促销员"的角色，能吸引人们了解和购买产品，同时起着保护产品的作用。为了使产品在市场中脱颖而出，图形创意成为避免产品包装同质化、突出产品特色、强化品牌效应的有效方式。成功的包装图形创意除了起到美化包装效果的基本作用外，还能更直观地传递产品信息，为产品注入更多的内涵和趣味。

学习目标

▶ **知识目标**

◎ 掌握包装图形的分类和创意方法。
◎ 掌握包装设计版式编排。

▶ **技能目标**

◎ 能够以专业手法设计不同类型的包装。
◎ 能够使用 Illustrator 绘制包装的平面图和立体图。
◎ 能够借助 AI 工具完成包装的创意设计。

▶ **素养目标**

◎ 拓宽思路，从多角度、多层面思考包装设计问题。
◎ 从产品和受众实际需求出发，提高包装设计作品的实际应用价值。

学习引导

STEP 1 相关知识学习　　　　建议学时：___1___学时

| 课前预习 | 1. 扫码了解包装和包装设计，以及包装设计流程，建立对包装设计的基本认识。
2. 在网络上搜索并欣赏包装设计案例，提升对包装设计的审美水平。 |

课前预习

电子书

| 课堂讲解 | 1. 包装图形分类及创意手法。
2. 包装设计版式编排。 |

| 重点难点 | 1. 学习重点：色块分割式、平铺式、局部镂空式、焦点式、图标式版式编排。
2. 学习难点：具象、抽象、夸张、幽默、借代等包装图形创意手法。 |

STEP 2 案例实践操作　　　　建议学时：___2___学时

| 实战案例 | 1. 设计茶叶包装盒。
2. 设计薯片包装袋。 | 操作要点 | 1. "封套扭曲"命令、自定义图案、图案填充。
2. 网格工具、"创建渐变网格"命令、"风格化"效果组。 |

案例欣赏

STEP 3 技能巩固与提升　　　　建议学时：___2___学时

| 拓展训练 | 1. 设计服饰手提袋包装。
2. 设计米饼包装盒。 |

| AI 辅助设计 | 1. 使用神采PromeAI设计沐浴露瓶包装。
2. 使用创客贴AI设计牛奶包装盒。 |

| 课后练习 | 通过练习题巩固行业知识，提升设计能力与实操能力。 |

8.1 行业知识：包装设计基础

包装设计是实现产品价值的手段之一，也是产品信息的传递者。通过选用或创造合适的包装材料、巧妙的工艺手段，对产品包装的形状、大小、色彩、文字、图形、构造及材料等方面进行结构、造型或美化设计，可以使消费者在视觉基础上对产品产生多方面的印象，向消费者传递审美情趣和产品优势。

8.1.1 包装图形分类

图形是构成包装视觉形象的主要元素，能有效提高包装的美观度，加强宣传效果。包装中存在多种类别的图形，虽然它们的表现侧重点不同，但大致可分为以下几种类型。

- **产品成品图形**。产品成品图形有助于消费者了解包装中产品的最终呈现效果，如图8-1所示，不仅能向消费者展示产品的功能、特性，还强化了产品形象。
- **原材料图形**。大多数加工后的产品从外表上无法看出原材料，但有些原材料确实具备与众不同的高品质特点。为了突出原材料，可在包装上展现原材料图形，帮助消费者了解产品原材料信息，吸引消费者注意并购买，如图8-2所示。

图8-1　包装中的吹风机成品图形　　　　图8-2　饮料包装中的水果原材料图形

- **产地信息图形**。对有地方特色的产品而言，产地是产品品质的保证和象征，如茶叶包装常展现茶园采摘场景、当地风景和风土人情。产地信息图形能赋予包装浓郁的地方特色和明确的视觉特征，是较为常见的一种包装图形。
- **Logo图形**。Logo是产品在流通与销售过程中的身份象征，它既能满足产品形象宣传的需要，也是现代市场规范化的产物。在包装设计中使用Logo图形，可以加深消费者对品牌和企业的印象，起到宣传企业与推广品牌的作用。
- **人物图形**。可在包装中使用人物图形，借助图形中人物的动作、表情，加深消费者对产品的了解和信任，如图8-3所示。
- **装饰图形**。为了让产品包装产生强烈的形式感，通常使用抽象或具有一定寓意的图形作为包装的装饰，从而增强产品包装的感染力，如图8-4所示。

图8-3　包装中的人物图形

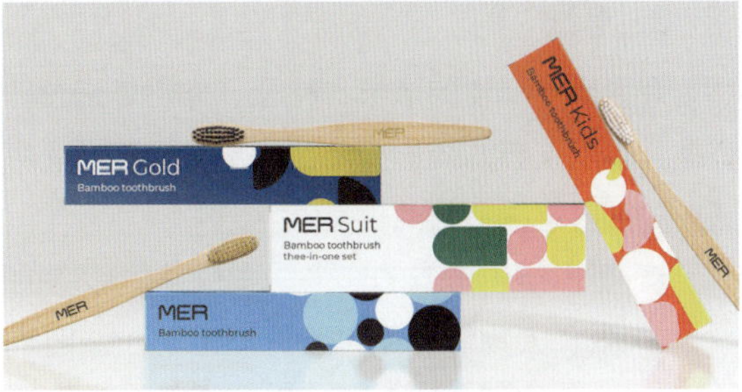

图8-4　包装中的装饰图形

● **信息说明图形**。信息说明图形包括产品使用说明图形、产品成分表、产品认证标识等，一般位于包装的侧面或背面，主要目的是为消费者提供准确、清晰、易懂的产品使用方法、产品信息、环保提示等。包装上的信息说明图形设计应跨越因文字、语言、国家（或地区）、民族不同所造成的信息传达障碍，从而更好地为消费者提供产品信息服务。

8.1.2　包装图形创意手法

设计人员需要针对产品形式及功能，用富有创意的表现手法设计包装图形，以达到传播销售信息的目的。包装图形创意手法主要有以下几种。

1. 具象

具象指在包装中使用具体的实物形象作为图形，以形象地表现产品本身的具体信息，使消费者直观地了解产品的材料、产地与使用方法。具象图形创意手法可以使消费者快速了解产品。常见的具象展现方式有以下两种。

● **拍摄实物图片**。拍摄实物图片即直接使用摄像机拍摄产品实物，如图8-5所示的菜品实物图片等。拍摄的实物图片效果往往较逼真，能让消费者产生信赖和亲切感，使消费者直观了解产品信息。

● **绘制写实插画**。写实插画即运用写实手法创作的插画，如图8-6所示的水果插画。写实是一种客观反映现实的创作手法。写实插画一般需要设计人员自行绘制，且插画效果不能太夸张，要符合产品的真实形象。

图8-5　拍摄实物图片

图8-6　绘制写实插画

2. 夸张

夸张是对事物的形象、特征、作用等进行夸大或缩小的一种手法。运用夸张可设计出生动有趣、幽默诙谐的图形，使包装更有趣味性。夸张图形创意手法主要有图形整体形态的夸张和图形局部形态的夸张两种类型。

- **图形整体形态的夸张**。图形整体形态的夸张是指从包装图形的整体形态入手，夸大场景、人物等，使包装更加生动，如图8-7所示。图形整体形态的夸张能体现出包装产品的特征，并吸引消费者的注意力。
- **图形局部形态的夸张**。图形局部形态的夸张指对包装中已有的图形局部形态进行大胆的夸张，如变形或动态化展现图形局部等，能增加产品的趣味性，如图8-8所示。图形局部形态的夸张不仅保留了原图形的特点，还提高了辨识度和吸引力。需注意，图形局部形态的夸张并非无限地夸大包装中某一图形的特征，也并非一种自然形态的模仿，而是需要通过形与形的对比，凸显产品特征。

图8-7　人物图形整体形态的夸张 　　　　图8-8　嘴巴图形局部形态的夸张

3. 抽象

抽象是将产品属性从自然形态和具象事物中剥离出来的一种手段，其目的是透过事物表象抓住本质。在包装设计中，抽象图形主要通过几何形态表现，即通过点、线、面的塑造，色彩的变换，组合出形态各异的图形，如图8-9所示。抽象创意手法可以增强包装的趣味性和设计感，人物、动物、植物及非生命的物体都能通过抽象设计起到传递产品信息、引导消费者对包装物产生联想的作用。

4. 幽默

幽默指抓住产品的特性，充分发挥想象力，采用比喻、拟人等表现手法，以及别出心裁的构思设计，体现出包装的幽默感和趣味性，从而增强包装的吸引力。图8-10所示的蓝牙耳机包装运用耳机和按钮构成有趣的表情。

5. 借代

借代是在包装中不直接说明要展现的内容，而"借"与其有密切象征关系的其他事物来"代替说明"的一种创意手法。在包装设计中，被代替的内容称为本体，用来代替的内容称为借体，本体和借体之间必须有密切关联，图8-11所示的抽纸包装借用竹筒来代替说明纸巾材料源于竹子。在包装中运用借代手法，能使包装效果更突出、特点更鲜明，并引起消费者的联想。

图8-9　抽象的水瓶包装图形　　图8-10　幽默的耳机包装表情图形　　图8-11　采用借代手法的抽纸包装

8.1.3　包装设计版式编排

在包装设计中，版式编排也是一门学问，好的版式可使包装结构分明，达到提高美观度、可读性的效果。

- 色块分割式。用大块的色块或者图片把版面分成两部分或两部分以上，一般用一部分色块来展示图片（视觉主体部分），其余部分用来排列产品信息，如图8-12所示。这种编排方式有很好的延展性，便于内容的拓展。
- 文字式。适用于大部分内容都是文字的包装，主要包括品牌名称、产品名称、产品卖点等文字内容，如图8-13所示。这种编排方式弱化了图形，强化了文字，整体版面简洁、大方且美观。需注意的是，文字式编排不能出现视觉上的冲突，使文字主次不分，进而引起视觉顺序的混乱。

图8-12　色块分割式编排

图8-13　文字式编排

- 图标式。把品牌标志等具有代表性的图标作为包装的视觉核心，使其形成独立的视觉效果，多用于酒类、茶叶类、化妆品类包装中，构图自带高级感、品质感，如图8-14所示。
- 局部式。在单个包装中隐藏一部分主体图形，只展示图形的局部，如图8-15所示。该编排方式不仅能增强包装的趣味性，吸引消费者注意，还能为消费者带来一定的想象空间。

图8-14　图标式编排

图8-15　局部式编排

- **组合式**。组合式编排由分散的元素构成，如文字信息、图形元素等，这些元素经过布局排列后最终达到图文合一的效果，如图8-16所示。
- **平铺式**。平铺式编排是指将几何线条、仿古纹理、矢量图样等元素设计成底纹，使其布满整个包装，让包装效果显得饱满充实，如图8-17所示。

图8-16　组合式编排

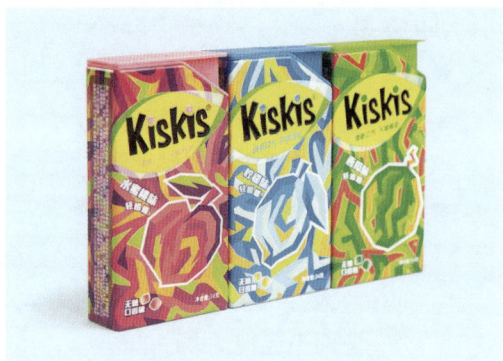

图8-17　平铺式编排

- **包围式**。分为文字包围式编排和图像包围式编排两类。其中文字包围式编排将主要文字放在包装中间，用众多的图形将其包围起来，从而突出主要文字信息，如图8-18所示。图像包围式编排将主要图像放在中间，用文字包围主要图像，从而突出主要图像，如图8-19所示。包围式编排不仅能突出重要内容，还能使包装显得更加活泼、丰富。

图8-18　文字包围式编排

图8-19　图像包围式编排

- **焦点式**。将产品或能体现产品属性的图形作为主体，并将主体放在视觉中心，以产生强烈的视觉冲击，如图8-20所示。

- 局部镂空式。将包装的某个部分设置为镂空，再使用透明材质制作，便于消费者查看产品外观。图8-21所示的包装通过局部镂空展现出内部毛巾外观。局部镂空式编排可有效结合包装画面元素和产品本身，让设计人员有一定的发挥空间。

图8-20　焦点式编排

图8-21　局部镂空式编排

8.2　实战案例：设计茶叶包装盒

案例背景

某品牌即将推出名为"荷叶普洱"的茶叶产品，现需为其设计一款包装盒，用于存储和收纳散装茶叶，保护茶叶在运输和销售过程中不受到损害，具体要求如下。

（1）在包装中展示茶叶的相关图像和产品参数等信息。

（2）包装设计采用传统风格，使包装盒具有中国风韵味。

（3）包装盒外形精美，能够吸引消费者关注。

（4）制作包装盒的平面图和立体图。

设计思路

（1）图形设计。采用与茶叶相似的淡绿色、传统的云纹作为背景设计元素，再添加茶、绿叶等装饰元素。

（2）文字设计。为了宣传产品，可在包装的正面突出显示"荷叶普洱"文字，并使用端庄典雅的宋体。在包装侧面可展示产品介绍，包括产品名称、配料、保质期、生产日期及产品标准编号等内容，以便消费者了解产品。

（3）版式设计。在包装正面中采用平铺式编排设计云纹，利用图片分割包装正面，其他元素采用组合式编排。包装侧面则以文字式编排为主，适当添加装饰元素。

本例的参考效果如图8-22所示。

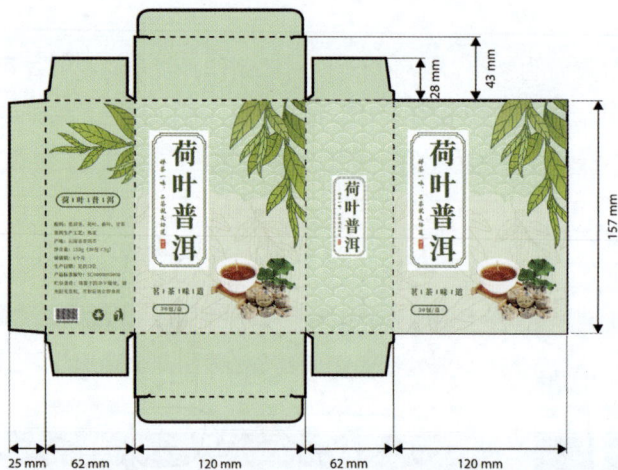

图8-22　茶叶包装盒参考效果

操作要点

（1）绘制包装盒平面图轮廓并将其建立为参考线。

（2）运用"图案"命令建立自定义的云纹图案。

（3）通过"封套扭曲"命令制作包装盒立体图。

操作要点详解

电子书

微课视频

绘制包装盒平面图

8.2.1　绘制包装盒平面图

先根据尺寸建立包装盒平面图参考线，然后绘制平面图轮廓，并标注尺寸，再在其中设计正面和侧面效果。具体操作如下。

（1）新建尺寸为"650mm×650mm"，名称为"茶叶包装盒平面图"的文件。根据折叠后的成品尺寸、展开尺寸确定包装盒各个面的宽度和高度，利用"矩形工具" □绘制固定宽度和高度的矩形，将其组合为包装盒的大致模型，效果如图8-23所示。

（2）框选所有矩形，选择【视图】/【参考线】/【建立参考线】命令，将矩形创建为参考线。使用"钢笔工具" ✐根据参考线绘制包装盒外轮廓，如图8-24所示。

（3）使用"钢笔工具" ✐在轮廓最上方和最下方的凸出部分中绘制切割线。根据参考线绘制包装盒模型的折叠线，选择【窗口】/【描边】命令，打开"描边"面板，选中"虚线"复选框，设置虚线为"9px"，间隙为"9px"。

（4）使用"尺寸工具" ✐标注平面图尺寸，按【Ctr+;】组合键隐藏参考线，将所有内容编组，效果如图8-25所示。

（5）设计茶叶包装盒平面图。选择包装盒外轮廓，设置其填充为淡绿色（#D1E6B9）。

（6）双击"极坐标网格工具" ◉，打开"极坐标网格工具选项"对话框，设置同心圆分隔线、径向分隔线的数量均为"3"，单击 确定 按钮。设置描边为白色，按住【Shift】键，在画板外绘制同心圆，如图8-26所示。

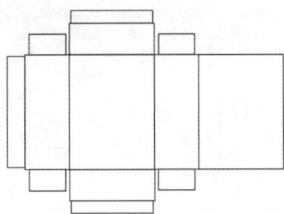

图8-23　包装盒的大致模型　　　　图8-24　包装盒外轮廓　　　　图8-25　标注尺寸

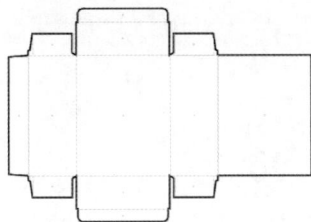

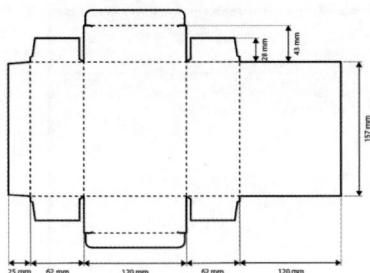

（7）按【Shift+Ctrl+F9】组合键打开"路径查找器"面板，单击"分割"按钮 ，然后选中同心圆，在其上单击鼠标右键，在弹出的快捷菜单中选择"取消编组"命令，再删掉同心圆左下方和右下方的部分，得到扇形，如图8-27所示。

（8）使用"剪刀工具" 在每条弧线两端单击，然后删除直线段。选择上方第一条弧线，设置描边粗细为"1pt"；选择下方的3条弧线，设置描边粗细均为"0.5pt"，效果如图8-28所示。

（9）选中所有弧线，选择【对象】/【图案】/【建立】命令，将所选对象建立为图案，同时打开"图案选项"面板，设置名称为"云纹"，拼贴类型为"砖形（按行）"，砖形位移为"1/2"，宽度为"14mm"，高度为"6.5mm"，此时所选对象周围将显示图案预览效果，如图8-29所示。在界面左上方单击 完成按钮，图案将被自动添加到"色板"面板中。

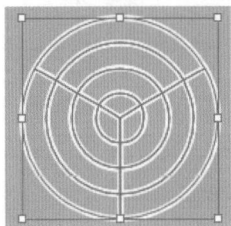

图8-26　绘制同心圆　　图8-27　制作扇形　　图8-28　设置描边粗细　　图8-29　预览图案

（10）在包装盒正面上半部分绘制一个矩形，打开"色板"面板，设置填充为"云纹"，效果如图8-30所示。

（11）依次置入"背景1.png""背景装饰.png""茶.png"素材，调整其大小和位置，适当裁剪，然后使用文字工具组中的工具输入图8-31所示的文字。

（12）使用"矩形工具" 、"圆角矩形工具" 和"钢笔工具" 绘制文字装饰图形，置入"印章.png"素材，完成包装盒正面设计，效果如图8-32所示。将正面所有内容编组，复制正面编组到背面中。

（13）打开"茶叶包装标识.ai"素材，将其中的条形码等标识图形复制到侧面底部，在侧面右上方添加"背景装饰.png"素材，如图8-33所示。

（14）在侧面输入产品名称等信息，并绘制圆角矩形来装饰文字，效果如图8-34所示。

（15）在另一个侧面中绘制等大的矩形并填充云纹，将正面中的茶叶名称及其装饰复制到其中，包装盒平面图的最终效果如图8-35所示。

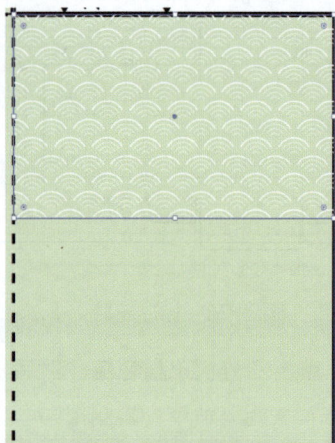

图8-30　填充图案

图8-31　添加图像素材和文字

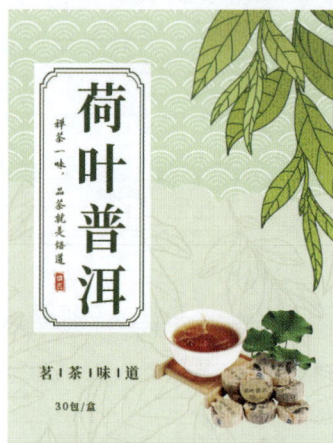

图8-32　正面效果

图8-33　添加素材　图8-34　侧面效果

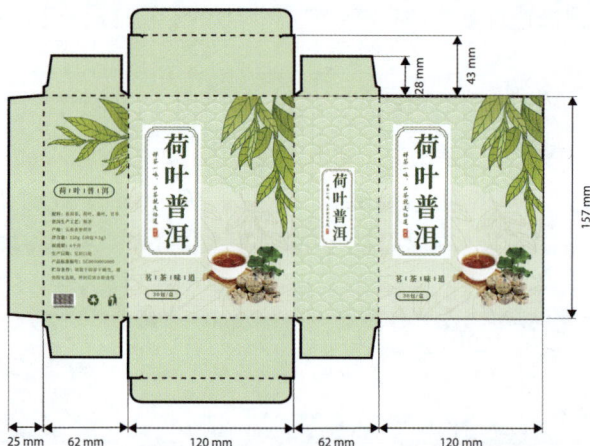

图8-35　平面图最终效果

8.2.2　绘制包装盒立体图

先绘制包装盒立体模型，并制作投影效果，以增强模型的真实性和立体感。然后通过"封套扭曲"命令，将包装盒正面及侧面设计图应用到立体模型中。具体操作如下。

（1）新建尺寸为"210mm×297mm"，名称为"茶叶包装盒立体图"的文件，绘制与画板等大的矩形作为背景，设置填充为淡青色（#CFDEDB），按【Ctrl+2】组合键锁定该矩形。

（2）使用"钢笔工具" ✐ 绘制包装盒立体模型，如图8-36所示。

（3）根据包装盒立体模型的光影关系，使用"渐变工具" ▨ 为各个面创建深浅不同的绿色线性渐变，以增强立体感，如图8-37所示。

（4）使用"钢笔工具" ✐ 绘制底部的投影图形，设置填充为黑色，不透明度为"50%"，选择【效果】/【风格化】/【羽化】命令，打开"羽化"对话框，设置半径为"5mm"，单击

微课视频

绘制包装盒立体图

按钮。

（5）选择【效果】/【模糊】/【高斯模糊】命令，打开"高斯模糊"对话框，设置半径为"60像素"，单击 确定 按钮。将投影图形置于包装盒下层，完成立体效果的制作，如图8-38所示。

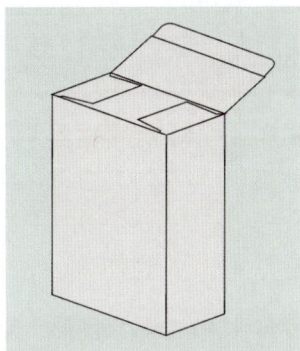

| 图8-36　包装盒立体模型 | 图8-37　创建线性渐变 | 图8-38　立体效果 |

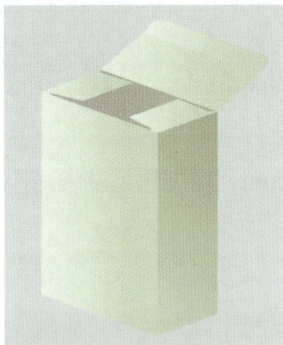

（6）复制包装盒平面图中的正面编组到立体图中，然后使用"钢笔工具" ✏ 在正面编组上绘制一个与立体包装盒正面轮廓一致的图形，如图8-39所示。

（7）同时选中该图形和正面编组，选择【对象】/【封套扭曲】/【用顶层对象建立】命令，效果如图8-40所示。

操作小贴士

　　使用形状绘图工具、"曲率工具" ✏ 也可绘制用于封套的路径，但若封套后的效果无规则扭曲、杂乱，则表示封套失败，这可能是因为用于封套的路径过于复杂、不够流畅，不便于Illustrator识别。此时，可在封套前选择【对象】/【路径】/【简化】命令，简化后的路径与原路径相似，但却更加流畅，再运用其建立封套一般不会失败。

（8）使用与步骤（6）和步骤（7）相似的方法制作立体包装盒侧面效果，立体图最终效果如图8-41所示。

| 图8-39　绘制图形 | 图8-40　建立封套 | 图8-41　立体图最终效果 |

8.3 实战案例：设计薯片包装袋

案例背景

某零食品牌的"香脆薯片"产品持续畅销，为了给消费者带来更新奇、美味的体验，该产品开发出牛油果新口味，现需设计新的包装袋，具体要求如下。

（1）包装色彩符合牛油果的特点，展示牛油果图形、薯片图像和产品基本信息等内容。

（2）包装袋尺寸为80mm×126mm，需展示包装袋设计的应用效果。

设计思路

（1）图形设计。以与牛油果相似的绿色为主色，在包装中绘制写实风格的牛油果图形，突出薯片口味，同时展示具有吸引力的薯片图像。

（2）文字设计。在包装上方以较大的字号展示产品名称"香脆薯片"，并为其设计底纹；在包装左下角展示薯片口味信息；在右下角展示薯片克重信息。

（3）版式设计。包装上方主要展示产品名称，下方主要展示薯片图像和牛油果图形，大致形成上文下图的版式。

本例的参考效果如图8-42所示。

图8-42　薯片包装袋参考效果

操作要点

（1）运用网格工具、"创建渐变网格"命令及"风格化"效果组等绘制立体效果的牛油果图形。

（2）运用"变形"效果组变形文字，为薯片图像添加"径向模糊""投影"效果。

8.3.1 绘制牛油果图形

可以对牛油果进行写实刻画，以展示其新鲜感和自然感，通过渐变填充和网格填充为牛油果上色，使其光影效果更加逼真，再添加"投影""内发光"效果制作出立体质感。具体操作如下。

（1）新建名称为"牛油果"，大小为"100pt×100pt"的文件，使用"钢笔工具" 绘制牛油果果肉形状，取消描边。选择"渐变工具" ，单击"径向渐变"按钮 ，在牛油果果肉形状上绘制渐变条，在渐变条下边缘单击以添加色标，设置色标颜色依次为"#E5E16C""#8FAB44""#507D36""#39522F"，效果如图8-43所示。

（2）选择渐变对象，选择【对象】/【扩展】命令，打开"扩展"对话框，选中"填充"复选框和"渐变网格"单选项，单击 确定 按钮，将渐变填充扩展为渐变网格。选择"网格工具" ，在牛油果果肉形状上单击以显示网格，如图8-44所示。

（3）拖曳网格点，根据牛油果果肉形状调整网格，从而更改渐变效果，如图8-45所示。

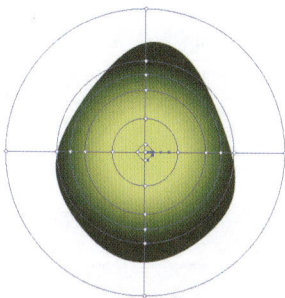

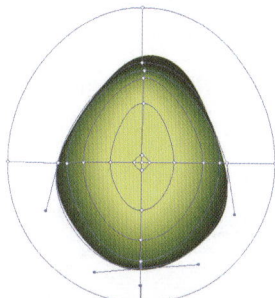

图8-43　创建径向渐变　　　图8-44　将渐变填充扩展为渐变网格　　　图8-45　更改渐变效果

（4）选择"钢笔工具" ，设置填充为深棕色（#846D48），绘制果核形状。选择果核形状，然后选择【对象】/【创建渐变网格】命令，打开"创建渐变网格"对话框，设置行数、列数均为"4"，单击 确定 按钮。使用"直接选择工具" 选中网格点，设置网格点颜色依次为"#9B8A46""#E9F0C7""#F8F8EC"，拖曳网格点以调整网格外观，如图8-46所示。

（5）选择果核形状，选择【效果】/【风格化】/【内发光】命令，打开"内发光"对话框，设置内发光颜色为"#342D13"，模式、不透明度、模糊分别为"正片叠底""35%""7mm"，选中"边缘"单选项，单击 确定 按钮。

（6）编组牛油果果肉形状和果核形状，选择【效果】/【风格化】/【投影】命令，设置投影颜色为黑色，模式、不透明度、X位移、Y位移、模糊分别为"正片叠底""34%""-2pt""3pt""2pt"，单击 确定 按钮，最终效果如图8-47所示。

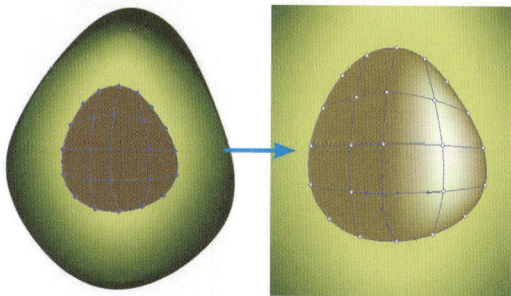

图8-46　创建并调整渐变网格　　　图8-47　牛油果图形最终效果

8.3.2　设计包装袋平面图

添加薯片图像和牛油果图形，并结合"径向模糊""投影"效果使图像更有冲击力和实体感。在展示包装文字时，可先绘制文字底纹，然后为部分文字添加变形效果，以提高包装的趣味性。具体操作如下。

微课视频

设计包装袋平面图

（1）新建名称为"薯片包装袋"，大小为"80mm×126mm"的文件。

（2）使用"矩形工具" ▢ 绘制与画板等大的矩形，设置填充为绿色（#6ABB65）。置入"薯片（1）.png""薯片（2）.png"素材，调整其大小、位置和角度，效果如图8-48所示。

（3）选择上方的薯片图像，选择【效果】/【模糊】/【径向模糊】命令，打开"径向模糊"对话框，设置模糊方法、品质、数量分别为"缩放""好""15"，单击 确定 按钮。

（4）选择下方的薯片图像，选择【效果】/【风格化】/【投影】命令，打开"投影"对话框；设置投影颜色为棕色（#956325），模式、不透明度、X位移、Y位移、模糊分别为"正片叠底""50%""0.8mm""0.8mm""0.4mm"，单击 确定 按钮。

（5）将之前绘制的牛油果图形添加到矩形右下角，调整其大小、位置和角度，效果如图8-49所示。

（6）使用"圆角矩形工具" ▢ 在右下角绘制一个较小的圆角矩形，设置填充为深绿色（#4A7C36），为其添加"投影"效果。

（7）使用"椭圆工具" ○ 在矩形左下角绘制一个椭圆形，设置填充为深绿色（#4A7C36），为其添加"投影"效果，然后使用"钢笔工具" ✎ 在椭圆形底部绘制一个白色弧形。

（8）使用"钢笔工具" ✎ 在矩形上方绘制一个不规则形状，用作产品名称底纹，设置填充为黄绿色（#5FB633）。原位复制该形状，设置填充为绿色渐变（#006934~#67B841），并向左下方略微移动复制后的形状，制作出层叠错位效果，如图8-50所示。

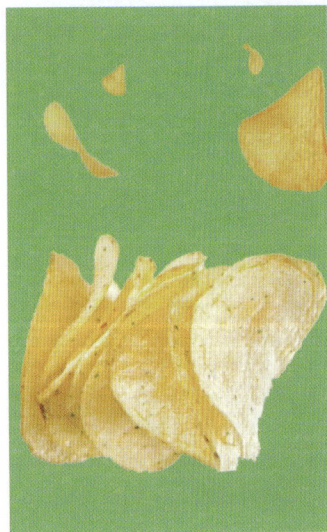

图8-48　添加薯片图像　　　图8-49　添加牛油果图形　　　图8-50　制作文字底纹

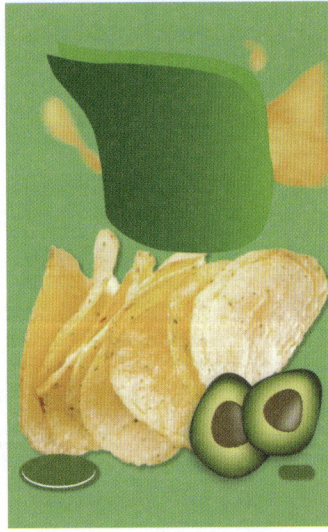

（9）分别输入产品名称、口味、克重文字，如图8-51所示。

（10）选中产品名称文字，选择【效果】/【变形】/【膨胀】命令，打开"变形选项"对话框，设置弯曲为"25%"，单击 确定 按钮。选中产品口味文字，选择【效果】/【变形】

/【下弧形】命令，打开"变形选项"对话框，设置弯曲为"14%"，单击 确定 按钮，效果如图8-52所示。

8.3.3　制作包装设计应用效果

先绘制薯片包装袋外形，然后通过"封套扭曲"命令将包装袋平面图应用到包装袋外形中，接着为包装袋添加高光、阴影、镂空孔洞，再应用"高斯模糊"效果，使包装袋更加逼真、更有立体感。具体操作如下。

（1）在画板1右侧新建画板2，用于制作包装设计应用效果。在新画板上绘制与画板等大的矩形，设置填充为浅灰色到浅绿色的渐变（#E0E0E0～#B7D66E），类型为"径向渐变"。

（2）使用"钢笔工具" 绘制包装袋外形，设置填充为绿色（#6ABB65）。选择【效果】/【风格化】/【投影】命令，打开"投影"对话框，设置投影颜色为军绿色（#628C33），模式、不透明度、X位移、Y位移、模糊分别为"正片叠底""75%""3.5mm""2.5mm""1.5mm"，单击 确定 按钮，效果如图8-53所示。

图8-51　输入文字　　　　　图8-52　变形文字　　　　　图8-53　绘制包装袋外形

（3）框选画板1中的所有内容，复制并粘贴，然后按【Ctrl+G】组合键编组。选择画板2中的包装袋外形图形，按【Ctrl+F】组合键原位复制，并按【Shift+Ctrl+]】组合键将其置于顶层。同时选中包装袋平面图编组和顶层的包装袋外形图形，按【Alt+Ctrl+C】组合键用顶层对象建立封套，效果如图8-54所示。

（4）由于现实中包装袋应处于膨胀状态，但此时的封套效果缺少膨胀感，因此可选择【对象】/【封套扭曲】/【用网格重置】命令，打开"重置封套网格"对话框，选中"保持封套形状"复选框，设置行数、列数分别为"5""3"，单击 确定 按钮。

（5）使用"直接选择工具" 选中网格点，然后向外拖曳中间的几个网格点，制作出膨胀效果，如图8-55所示。

（6）选择"钢笔工具" ，设置填充为白色，在包装袋顶部绘制一个弧形；在包装袋右侧绘制一个弧形，设置不透明度为"76%"；在包装袋左侧绘制一个弧形，设置不透明度为"76%"，在其上再绘制一个略微错位的弧形，设置不透明度为"45%"；在"香"字左侧绘制一个弯曲的弧形，设置不透明度为"76%"，绘制出包装袋的高光。

（7）选择"钢笔工具" ，设置填充为深绿色（#33592D），在包装袋底部绘制一个弧形充当阴影。

（8）选择"椭圆工具" ，设置填充为深绿色（#33592D），在包装袋顶部绘制一个圆形，再在其中绘制一个较小的圆形，修改填充为白色，镂空孔洞效果如图8-56所示。

图8-54　用顶层对象建立封套　　图8-55　制作出膨胀效果

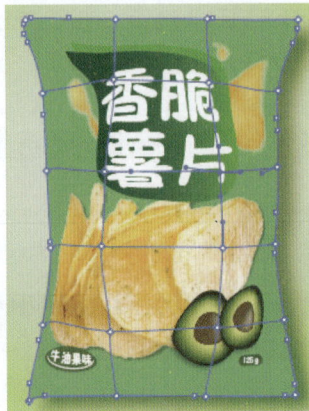

图8-56　镂空孔洞效果　　图8-57　最终效果

（9）选择包装袋左侧不透明度为"76%"的弧形，选择【效果】/【模糊】/【高斯模糊】命令，打开"高斯模糊"对话框，设置半径为"8"，单击 确定 按钮。使用相似的方法为包装袋右侧、顶部、底部的弧形添加半径为"8"的"高斯模糊"效果，最终效果如图8-57所示。

8.4 拓展训练

实训1　**设计服饰手提袋包装**

实训要求

（1）为"沫沫"儿童服饰品牌设计手提袋包装，采用公司形象小黄鸭作为主体，整体风格活泼、有趣，文字内容简洁，突出品牌名称和产品属性。

（2）手提袋包装尺寸为253mm×103mm×320mm，采用CMYK颜色模式进行设计。

操作思路

（1）依据手提袋包装尺寸绘制正面和侧面的白色背景矩形，然后在正面右下方绘制小黄鸭图形，并复制到侧面顶部。

（2）绘制小黄鸭剪影图形，将其制作为自定义图案，绘制与正面等大的矩形并填充该图案。

（3）在正面和侧面的小黄鸭图形旁边输入品牌名称和产品属性文字。

（4）在正面顶部绘制手提绳，在正面上方绘制两个绳孔，为手提绳应用"投影"效果。

具体设计过程如图8-58所示。

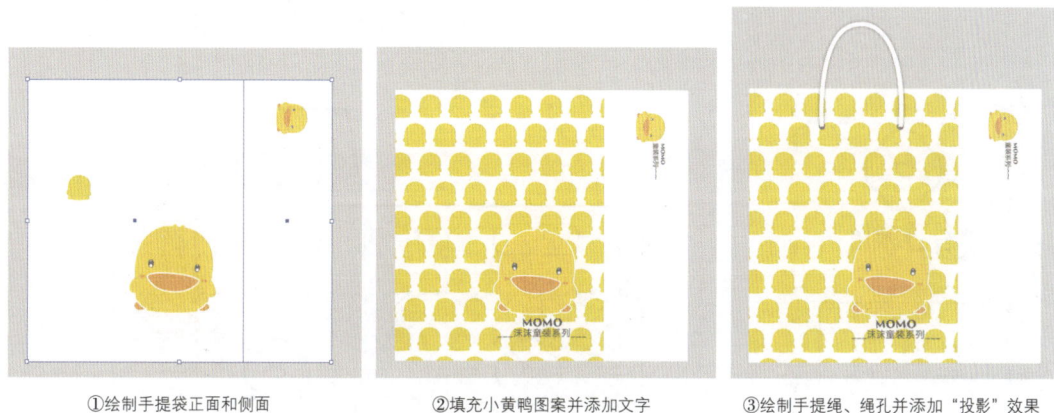

①绘制手提袋正面和侧面　②填充小黄鸭图案并添加文字　③绘制手提绳、绳孔并添加"投影"效果

图8-58　服饰手提袋包装设计过程

实训 2　设计米饼包装盒

实训要求

（1）为谷香米饼设计包装盒，色彩要符合谷香米饼的特点，设计风格偏年轻化，以简约为主，在包装盒中要着重凸显产品名称，避免其与其他文字信息混淆。

（2）包装盒折叠后的成品尺寸为140mm×68mm×215mm，展开尺寸如图8-59所示，采用CMYK颜色模式进行设计。

操作思路

（1）以与米饼颜色相近的淡黄色为主进行设计，绘制出包装盒平面图。

（2）在包装盒正面绘制米饼图形，进行图案填充，添加Logo素材，输入点文字和路径文字。

（3）在包装盒侧面添加Logo素材、产品信息、条形码和标识，绘制装饰图形和表格框。

（4）复制包装盒正面和侧面的内容，完善包装盒平面图。

（5）绘制包装盒立体模型，根据光影关系创建不同深浅的渐变颜色。

（6）通过复制和封套扭曲操作，将包装盒正面和侧面的内容制作成立体效果。

具体设计过程如图8-59所示。

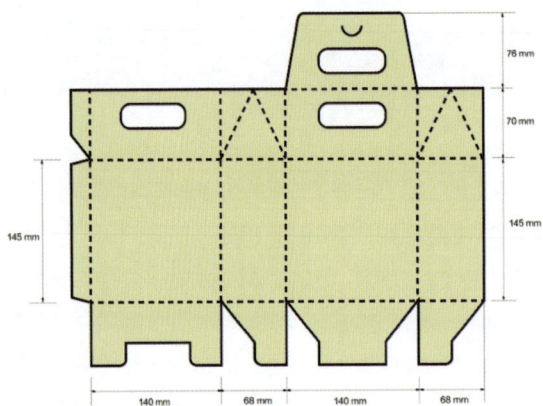

①绘制包装盒平面图

②制作包装盒正面

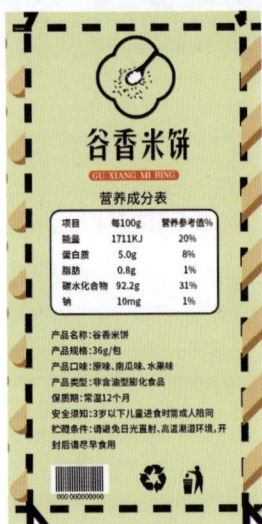

③制作包装盒侧面

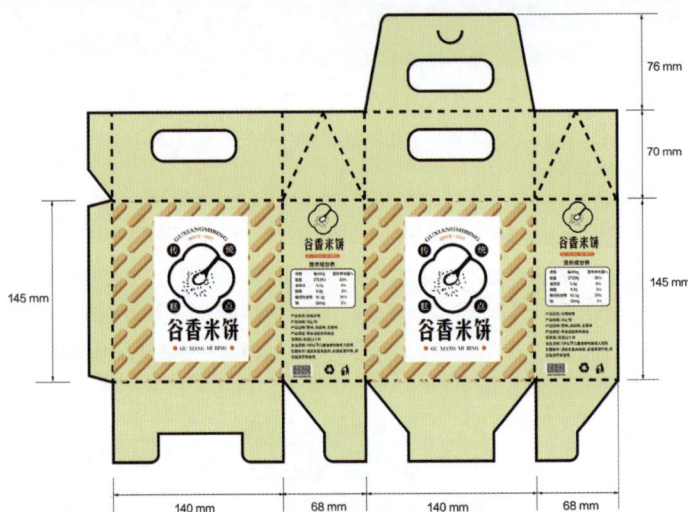

④完善包装盒平面图

⑤绘制包装盒立体模型

⑥制作立体效果的正面和侧面内容

图8-59 米饼包装盒设计过程

8.5　AI辅助设计

神采 PromeAI　设计沐浴露瓶包装

神采PromeAI的应用场景包含建筑设计、室内设计、景观设计、游戏设计、时尚设计、包装设计、家具设计、珠宝设计、车辆设计、消费产品设计等。每种应用场景下都包含多类模型和风格预设，用户可以根据需求直接选择预设场景，从而更有针对性、更准确地生成设计作品。例如，使用神采PromeAI设计沐浴露瓶包装。

图片生成

使用方式：输入关键词。
关键词描述方式：作品类型+产品对象+主要元素+风格+色彩+其他细节。
主要参数：模式、风格、场景。

模式：AI工具／草图渲染。
风格：摄影／通用／商业。
场景：包装设计／瓶子／个人护理瓶，包装设计／包装风格／圆润纯净。
关键词描述：包装设计，沐浴露瓶子，清新图案，抽象，优美曲线，简洁风格，白色，浅绿色和浅蓝色。

示例效果如下。

创客贴 AI　设计牛奶包装盒

创客贴AI是创可贴平台中的AI服务，既具有AI智能设计、AI图片编辑、AI生图等丰富的AI功能，还能针对常见的设计场景进行智能化模板套用及设计，可以高效率、批量产出多种营销场景的创意内容，广泛应用于包装、广告、新媒体、电商等领域。例如，使用创客贴AI的文生图功能设计牛奶包装盒。

文生图

使用方式：输入关键词。

关键词描述方式：作品类型+产品+包装画面元素。

主要参数：模式、风格、清晰度、比例。

模式：AI生图／文生图。　　示例效果：

风格：通用模型。

关键词描述：包装设计，牛奶包装盒，
纯牛奶，奶牛，绿草，草地，蓝天。

清晰度：高清。

比例：3∶4。

拓展训练

请在创客贴AI中，选用合适的风格、比例、清晰度，并输入需要的关键词，为橙汁设计包装盒。

8.6 课后练习

1．填空题

（1）在包装设计中可借助图形中_____的动作、表情，加深消费者对产品的了解和信任。

（2）在包装图形创意中运用借代手法时，通常把被代替的内容叫作_____，用来代替的内容叫作_____，二者之间必须有密切关联。

（3）选择_____/_____/_____命令，可将所选对象建立为图案。

（4）运用_____效果组可以使对象产生膨胀、弧形、挤压、扭转等效果。

2．选择题

（1）【单选】（　）是产品在流通与销售过程中的身份象征，它既能满足产品形象宣传的需要，也是现代市场规范化的产物。

A．Logo　　　　　　B．产品成品图形　　　C．产地信息图形　　　D．信息说明图形

（2）【单选】用顶层对象建立封套的快捷键为（　）。

A．【Shift+Ctrl+]】　　B．【Ctrl+G】　　　　C．【Ctrl+F】　　　　D．【Alt+Ctrl+C】

（3）【多选】下列关于包装设计的行业知识中，说法正确的有（　　）。

A. 色块分割式编排一般利用一部分色块来展示图片（视觉主体部分），用其余部分来排列产品信息

B. 为方便消费者查看产品外观，可以将包装的某个部分设置为镂空，再使用透明材质制作该部分

C. 包装中的原材料图形有助于消费者了解包装中产品的最终呈现效果

D. 包装图形局部形态的夸张，并非无限地夸大包装中某一图形的特征，也并非一种自然形态的模仿，而是需要通过形与形的对比，凸显产品特征

（4）【多选】运用网格创建渐变效果时，会用到（　　）。

A. 直接选择工具　　　　　　　　　　B. 网格工具

C. "创建渐变网格"命令　　　　　　　D. "风格化"效果组

3. 操作题

（1）为"安安"黄豆酱油设计酱油瓶包装，设计尺寸为190mm×140mm，要求体现出产品的高品质，给人天然、健康的感觉，参考效果如图8-60所示。

图8-60　酱油瓶包装

（2）使用提供的素材为"米尔"儿童电热蚊香液设计包装盒，要求体现出儿童的需求，具有童趣感，并体现出全家适用、无烟无灰、有效驱蚊等卖点，参考效果如图8-61所示。

图8-61　蚊香液包装盒

（3）使用神采PromeAI为一款温和、亲肤、洁净的湿巾纸设计包装袋，要求风格清新、简约，参考效果如图8-62所示。

图8-62　湿巾纸包装袋

第 9 章

Ai

商业广告设计

商业广告，顾名思义，是商家或企业为了推销其商品、服务或传达某种观念，通过各种宣传媒介和形式，利用文字、图片等视觉元素，向受众进行的一种信息传播活动，旨在影响受众的行为和改变其观念。商业广告中的图形创意要求简练而概括、寓意深刻，既能快速、准确、形象地传递广告信息，又能带来美观、新颖、独特的视觉效果，从而吸引受众注意并给其留下深刻印象。

学习目标

▶ 知识目标

◎ 熟悉商业广告图形表现形式。
◎ 掌握商业广告图形创意方法。

▶ 技能目标

◎ 能够以专业手法设计不同类型的商业广告。
◎ 能够使用 Illustrator 为商业广告制作创意画面和特殊效果。
◎ 能够借助 AI 工具完成商业广告图形创意设计。

▶ 素养目标

◎ 培养对商业广告设计的兴趣，遵守商业广告相关法律法规。
◎ 提高市场敏感度，培养商业广告创意思维。

学习引导

STEP 1 相关知识学习   建议学时：___1___学时

| 课前预习 | 1. 扫码了解商业广告的概念和范畴，以及常见类型，建立对商业广告设计的基本认识。
2. 在网络上搜索并欣赏商业广告设计案例，提升对商业广告的审美水平。 | 课前预习

电子书 |

| 课堂讲解 | 1. 商业广告图形表现形式。
2. 商业广告图形创意方法。 |

| 重点难点 | 1. 学习重点：公益广告、商业广告、文艺娱乐广告的表现形式。
2. 学习难点：公益广告、商业广告、文艺娱乐广告的创意方法。 |

STEP 2 案例实践操作   建议学时：___2___学时

| 实战案例 | 1. 设计新店开业DM广告。
2. 设计房地产路牌广告。 | 操作要点 | 1. 极坐标网格工具、旋转扭曲工具、"路径"命令、"图像描摹"命令、图形样式库、"效果画廊"命令、"外观"面板。
2. 创建图表、美化图表、编辑图表数据、修改图表数据。 |

| 案例欣赏 |   |

STEP 3 技能巩固与提升   建议学时：___2___学时

| 拓展训练 | 1. 设计耳机网幅广告。
2. 设计保险灯箱广告。 |

AI 辅助 设计	1. 使用文心一言编写广告文案。 2. 使用Midjourney设计商品广告。
课后练习	通过练习题巩固行业知识，提升设计能力与实操能力。

9.1　行业知识：商业广告设计基础

商业广告设计需要围绕广告主题，通过创意思维，将广告组成元素加工成具有审美价值和商业价值的视觉效果，再通过多种媒介将其传播给受众，以达到"广而告之"的目的。而图形创意可以说是商业广告的灵魂，它能够唤起受众对某事物的特定记忆，让受众产生认同感和消费欲望，还能在视觉上带给受众美好、震撼、新奇或有趣的感受。

9.1.1　商业广告图形表现形式

图形作为商业广告设计的"视觉语言"，在大多数商业广告设计中发挥着重要作用。根据商业广告图形表现形式的不同，图形的作用与效果也不同。

- 以**绘画表现形式**为主。绘画是对客观事物进行高度概括、提炼与简化的一种表现形式。广告中的绘画表现形式主要分为两种。一种是二次加工已有图形，使已有图形原来的意思发生变化以体现广告主题，带给受众耳目一新的视觉感受，如图9-1所示；另一种是针对广告主题构思并绘制图形，这类广告作品的特点是对广告图形进行具象、抽象、夸张或幽默化的处理，以表现不同的广告主题，极具表现力和艺术感染力。

可口可乐指路牌广告

可口可乐将极具辨识度的"红飘带"品牌符号化作灵活的"手指"，起到了指路牌的作用，指明了可口可乐放置可回收垃圾桶的位置，在吸引路人注意的同时，传递了可口可乐回收产品包装、可持续发展的环保理念，展现了该企业的社会责任感。

图9-1　以绘画表现形式为主的商业广告

- 以**摄影表现形式**为主。摄影表现形式能够真实地反映客观事实，摄影的形象性和真实性能极大地提高广告内容的可信度，易于受众接受。另外，对摄影对象进行构图、组合等还能设计出具有创意的图形，这种图形既能逼真地再现事物的原貌，又能在真实的基础上创造出强有力的特殊效果，在视觉上对人们产生强烈的吸引力，从而使商业广告更易打动人心，如图9-2所示。

图9-2　以摄影表现形式为主的商业广告

大疆无人机广告
该广告展示了无人机产品如何帮助受众突破局限，以独特角度记录旅行中的瞬间。主体图形创意灵感来源于标题"Now，It's Epic"，巧妙地将标题中的英文字母与书法笔画融入无人机航拍的景色中，展现出宏大的气势。

● **以软件表现形式为主**。利用计算机软件制作的图形可以丰富广告图形的表现力，深化广告图形的创意理念，如图9-3所示。设计人员在通过互联网获取海量图形素材的同时，还能利用计算机软件制作高精度、非现实、三维的图形。但值得注意的是，软件只是制作广告图形的工具，本身不具有创意，所以设计人员在利用计算机软件设计图形时，更应该重视培养自身的创新思维和提高设计能力。

中国银联广告
该广告图形运用了蒙太奇手法，即通过计算机软件将不同时空或地区的场景安排在同一广告图形中，合成非现实画面。该画面中银联卡变身桥梁跨越天堑，表示银联卡可以在世界各地支付，使用范围广泛。

图9-3　以软件表现形式为主的商业广告

● **综合表现形式**。综合表现形式是指在广告中运用两种或多种表现形式，如图9-4所示，从多种视觉角度传达广告信息，使广告图形层次丰富、美观。设计人员在运用综合表现形式时要注意保持广告画面的整体美感。

金典牛奶广告
设计人员将拍摄的牛奶原产地的风景图片与趣味十足的插画相结合，同时使插画内容与广告主题、右下角的产品特性相关联，画面和谐美观，具有层次感。

图9-4　综合表现形式的商业广告

9.1.2 商业广告图形创意方法

图形是由人的主观意识创造出来的视觉符号，也是表达和传递情感的视觉语言，具有较强的辨识性，能给人最直观的印象。在广告图形设计中，运用何种创意方法是设计的关键。

- 填充图形。填充图形是指以图形的轮廓为基底，在里面填充一种或多种图形。基底图形和填充图形不是随意选择的，而是根据广告主题和视觉传达经验选择的具有一定关联性的图形。图9-5所示的广告在天猫代表性的猫头图形中填充了三星堆相关图形，加深了三星堆博物馆旗舰店与天猫平台的联系，顶部文字更点明两者将协作共庆"双十一"。

- 异影图形。异影图形是指对客观事物的影子进行创意设计，使影子呈现出与原事物不同的形态。这里的影子可以是投影，也可以是水中的倒影、镜中的镜像等。异影图形中的影子与实体之间需要存在形态或意义上的内在联系，这样才能引发受众的关注、想象和反思。图9-6所示的广告将乐高单元模块的影子设计为飞机，暗示通过拼接乐高单元模块，可以得到逼真的现实物体模型。

图9-5　填充图形

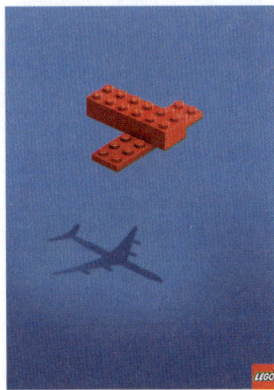

图9-6　异影图形

- 替换图形。替换图形是指在保持图形基本形状的基础上，利用外观或意义上的相似性，将图形一部分替换为其他形状，从而创造出具有新意的新图形。图9-7所示的广告将咖啡机替换为咖啡豆，强调该品牌的咖啡原料自然、味道浓醇。

- 空间转换图形。空间转换图形以空间为灵感，通过改变空间关系创造出人意料的视觉效果，让受众产生视觉上的新奇感受。空间转换图形主要分为混维图形、矛盾空间图形和虚化图形3种类型。图9-8所示的广告将处于不同空间层次的家居产品与外部环境图结合在一起，形成空间上的跨越，从而产生有趣的创意效果。

图9-7　替换图形

- 正负图形。正负图形也称反转图形，是指在一个空间中两个图形共享同一轮廓，分为图形与背景两部分，图形部分为正形，背景部分为负形。正形和负形相辅相成、相互交融。正负图形在视觉上可以形成一图双形的错视效果，让广告画面更具创新性。图9-9所示的广告将人物主角和两只狗作为正形，从而创造出负形耳机，展示了无论旁边两只狗的咆哮声多么吵闹，广告主角都一直沉醉在美妙音乐中的场景，巧妙地表现了耳机强大的隔音功能和降噪性能。

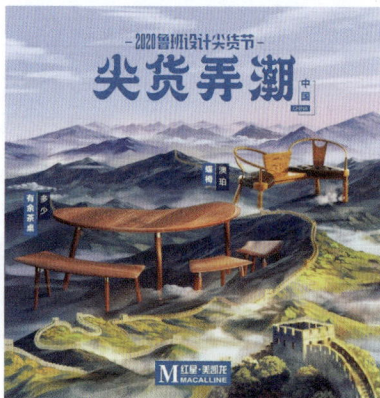

图9-8　空间转换图形

图9-9　正负图形

● **透叠构合图形**。透叠构合图形是指两个图形相叠并透出重叠的部分，形成的富有空间艺术层次感的图形。透叠构合图形通过展现独特的视角有效地丰富图形，并为广告画面增添更深刻的寓意。图9-10所示的广告将驾驶员的正面和侧面透叠结合在一起，形象地表达出该产品可以帮助驾驶员看到眼睛看不到的那一边，凸显该产品的全景摄像功能，创意直白又新颖。

● **文字类图形**。文字类图形是以文字为基本元素进行创意设计的图形。该类图形主要利用文字独特的艺术魅力，将文字与图像结合，在提升广告形象的同时传递广告信息。文字类图形设计不仅取决于文字内在"意"的传达，更取决于文字视觉上"形"的表现。图9-11所示的广告用该品牌的坚果产品和腊八粥图像构成品牌名称中的"洽"字，借用腊八时节宣传品牌，加深受众印象。

图9-10　透叠构合图形

图9-11　文字类图形

9.2　实战案例：设计新店开业DM广告

案例背景

　　某河鲜餐厅即将开业，为提高餐厅人气，吸引顾客前来消费，准备开展阳澄湖大闸蟹等河鲜特惠活动，并制作DM广告，用于在人流量大的地方发放和宣传，具体要求如下。

　　（1）营造火热的促销氛围，展现吸引人的大闸蟹图像，以及餐厅二维码图像。

　　（2）展示餐厅地址、活动目的、活动价格等信息，突出活动特色和产品卖点。

　　（3）尺寸为21cm×29.7cm，分辨率为300像素/英寸，采用CMYK颜色模式。

设计大讲堂

　　DM（Direct Mail）是指直邮。DM广告是按照客户要求设计的，将商品资料梳理、编辑、设计、制作、印刷后直接投递给客户的一种纸质媒介，能直接将广告信息传递给目标客户，针对性强，效果显著，反响回馈率高。DM广告不仅要主题明确，抓住客户的眼球，而且要设计和创意别致新颖，具有吸引力和保存的价值。

图9-12　新店开业DM广告

设计思路

　　（1）广告画面。广告背景采用黄蓝相间的放射条纹，有利于聚焦视线；主体图像为阳澄湖大闸蟹图像，并通过艺术化手段突出产品，使其占据较大面积。

　　（2）广告文案。以"新店开业"为广告标题，并突出展示，在广告底部集中展示餐厅地址、餐厅名、二维码等信息。

　　本例的参考效果如图9-12所示。

操作要点

　　（1）运用极坐标网格工具、旋转扭曲工具、"反转路径方向"命令、"轮廓化描边"命令制作旋转放射状广告背景。

操作要点详解

电子书

　　（2）运用"外观"面板、图形样式库等为广告元素制作特殊效果。

　　（3）使用"效果画廊""图像描摹"命令制作产品图像特殊效果。

微课视频

制作旋转放射状
广告背景

9.2.1　制作旋转放射状广告背景

　　先通过极坐标网格工具和路径相关操作制作从中央向四周散开的射线，然后通过旋转扭曲工具制作射线的旋转效果。具体操作如下。

（1）新建名称为"新店开业DM广告"，大小为"21cm×29.7cm"，分辨率为"300像素/英寸"的文件。使用"矩形工具" □ 在中央绘制与画板等大的矩形，设置填充为淡黄色（#FBEEC3）。

（2）双击"极坐标网格工具" ⊛，打开"极坐标网格工具选项"对话框，设置同心圆分隔线数量为"0"，径向分隔线数量为"12"，单击 确定 按钮。在矩形上按住【Shift】键绘制圆形极坐标网格，再调整极坐标网格的大小，使其覆盖矩形背景，如图9-13所示。

（3）按【Shift+Ctrl+G】组合键，取消极坐标网格图形的编组，选择极坐标网格图形中的圆，按【Delete】键将其删除，得到射线效果，如图9-14所示。

（4）在控制栏中设置描边粗细为"130pt"，变量宽度配置文件为"宽度配置文件4"，效果如图9-15所示。选择【对象】/【路径】/【反转路径方向】命令，反转射线路径，使终点变为起点，如图9-16所示。

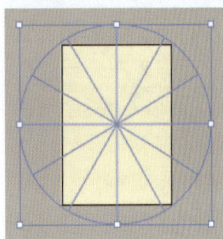

图9-13　绘制极坐标网格　　图9-14　射线效果　　图9-15　设置描边　　图9-16　反转路径方向

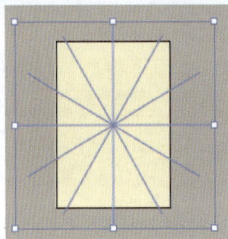

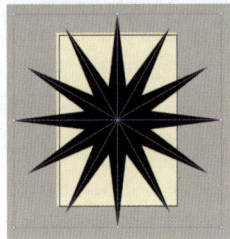

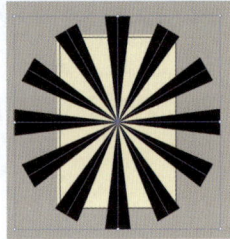

（5）选择【对象】/【路径】/【轮廓化描边】命令，将描边转化为可填充的对象，设置填充为淡蓝色（#A8DAF3），如图9-17所示。

（6）选择"旋转扭曲工具" ☷，将鼠标指针移至射线中心，按住【Alt】键使鼠标指针变为 ⊹ 形状，此时向上拖曳以增大画笔高度至超过射线半径，再向右拖曳以增大画笔宽度至超过射线半径，如图9-18所示。

（7）使用"旋转扭曲工具" ☷ 在射线中心快速单击，旋转扭曲效果如图9-19所示。

图9-17　轮廓化描边　　图9-18　调整画笔宽高　　图9-19　旋转扭曲效果

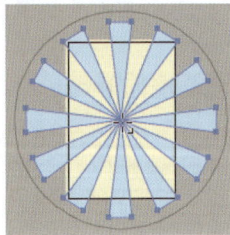

9.2.2　为广告元素制作特殊效果

先通过绘制形状、添加素材、输入文字等操作制作出广告元素的基本形态，然后使用图形样式库、"外观"面板和"图像描摹"命令等，使其更有创意和吸引力。具体操作如下。

微课视频

为广告元素制作
特殊效果

（1）用"钢笔工具" 在画面顶部绘制图9-20所示的形状，用作标题边框。选中四边形，选择【窗口】/【图形样式库】/【纹理】命令，打开"纹理"图形样式库面板，选择"RGB羊皮纸"选项□。

（2）选中所有代表绳子的曲线，打开"霓虹效果"图形样式库面板，选择"浅黄色霓虹"选项□，效果如图9-21所示。按【Shift+F6】组合键打开"外观"面板，在其中可以看到绳子所应用的图形样式包含的描边、填色等外观效果选项，将上方前3个"描边"选项的描边色均修改为白色。

（3）依次使用"椭圆工具"○、"圆角矩形工具"□在羊皮纸四角各绘制一个图钉帽和图钉柱，并为其应用"按钮和翻转效果"图形样式库中的"气泡-正常"选项□。选中所有图钉帽，在"外观"面板中将"填色"选项中的不透明度修改为"78%"，效果如图9-22所示。

图9-20　绘制形状　　　图9-21　应用图形样式　　　图9-22　修改不透明度

（4）打开"河鲜店素材.ai"文件，将其中的木盘、大闸蟹、飞鸟素材添加到广告画面中央，如图9-23所示。

（5）选中大闸蟹图像，选择【效果】/【效果画廊】命令，在打开的对话框中选择"素描"组中的"影印"效果，设置细节、暗度分别为"14""25"，单击 确定 按钮，效果如图9-24所示。

（6）选择【对象】/【图像描摹】/【建立】命令，再选择【窗口】/【图像描摹】命令打开"图像描摹"面板，在"预设"下拉列表中选择"素描图稿"选项，设置阈值为"170"；单击"高级"栏左侧的▶按钮展开该栏，设置路径、边角、杂色分别为"50%""50%""1px"，效果如图9-25所示。

（7）打开"图像效果"图形样式库面板，选择"黄色发光"选项□。切换到"河鲜店素材.ai"文件，将其中的大闸蟹素材添加到广告中的大闸蟹右下角，效果如图9-26所示。

图9-23　添加素材　　　图9-24　影印效果　　　图9-25　图像描摹效果　　　图9-26　添加大闸蟹素材

（8）使用"圆角矩形工具" ▢ 在影印大闸蟹上方绘制一个圆角矩形，为其应用"照亮样式"图形样式库中的"浅橙色照亮"选项 ▇ ；使用"矩形工具" ▢ 在画面底部绘制一个矩形，为其应用"涂抹效果"图形样式库中的"涂抹 15"选项 ▨ ，在"外观"面板中单击最下方的 不透明度 按钮，在弹出的面板中设置混合模式为"滤色"；在矩形左侧绘制一条竖线，为其应用"照亮样式"图形样式库中的"浅铜色照亮"选项 ▇ ，效果如图9-27所示。

（9）使用"文字工具" Ｔ 输入图9-28所示的文字，设置字体分别为"方正黑变简体""方正华隶简体"，文字颜色分别为白色、棕色（#7A5734），然后旋转"阳澄湖大闸蟹""29元/只"文字。

（10）选中"新店开业"文字，为其应用"图像效果"图形样式库中的"黄色发光"选项 ▢ 。在"外观"面板中展开最下方的"填色"栏，单击其中的 偏移路径 按钮，打开"偏移路径"对话框，修改位移为"0.5cm"，单击 确定 按钮。

（11）选中"阳澄湖大闸蟹"文字，应用"文字效果"图形样式库中的"金属金"选项 ▢ 。在"外观"面板底部单击"添加新填色"按钮 ▇ ，设置新添加的填色为白色。

（12）选中"29元/只"文字，先在控制栏中设置填充为"无" ⬜ ，然后为其应用"3D 效果"图形样式库中的"3D 效果 8"选项 ▇ 。

（13）选中"河之味餐厅"文字，为其应用"图像效果"图形样式库中的"黄色发光"选项 ▢ 。在"外观"面板中展开最下方的"填色"栏，单击其中的 偏移路径 按钮，打开"偏移路径"对话框，修改位移为"0.5cm"，单击 确定 按钮，效果如图9-29所示。

（14）切换到"河鲜店素材.ai"文件，将其中的二维码素材添加到广告画面左下角，最终效果如图9-30所示。

图9-27　添加形状效果　　图9-28　输入文字　　图9-29　应用图形样式　　图9-30　最终效果

9.3　实战案例：设计房地产路牌广告

案例背景

天府地产集团新开发了河景洋房楼盘，为促进该楼盘销售，准备设计并投放路牌广告，吸引客户前来看房和买房，具体要求如下。

（1）广告包含文案、数据、房产面积、地址、联系方式等信息，需要以图表的形式呈现得房率数据，展现"更高得房率更大空间"的核心卖点。

（2）广告内容简洁明了，具有说服力，颜色、字体搭配和谐，主色调尽量不超过3种。

（3）广告尺寸为350cm×150cm，分辨率为100像素/英寸。

🔧 设计大讲堂

　　路牌广告主要是指在公路或城市交通要道两侧，利用喷绘或灯箱等形式设置的户外广告。路牌广告通常较大且在固定地点长时间展示，常见尺寸有350cm×150cm、150cm×45cm、120cm×36cm、90cm×60cm、120cm×80cm、150cm×100cm。路牌广告通过大胆的色彩对比、醒目的字体和巧妙的图形设计来提高视觉冲击力，以便在远距离和快速移动等场景下吸引受众的注意。

💡 设计思路

（1）广告画面。以橙色为主色，以白色为辅助色，以与橙色对比度较高的绿色为点缀色。采用渐变背景，搭配饼图来直观地进行数据分析。

（2）广告文案。广告文案主要包含房地产商名字、房产名称、房产面积、卖点、宣传语、联系方式和地址等信息，采用便于识别的、较粗的黑体类字体，对重点文字进行放大或使用底纹、边框等来突出。

本例的参考效果如图9-31所示。

图9-31　房地产路牌广告参考效果

📱 操作要点

操作要点详解

（1）使用图表工具制作数据分析图表，通过各种操作美化图表。

（2）使用文字工具组输入广告信息，使用形状绘图工具进行布局和装饰。

电子书

9.3.1　制作数据分析图表

分析天府地产集团提供的数据后，可发现其数据类目并不多，且多为百分比数值，适合使用饼图来直观地展现。具体操作如下。

（1）新建名称为"房地产路牌广告"，大小为"350cm×150cm"，分辨率为"100像素/英寸"的文件。使用"矩形工具" ▢ 绘制与画板等大的矩形，设置填充为橙色线性渐变（#E7925B～#DE5322）。

（2）打开"房地产图标.ai"素材，复制其中的图标到广告画面顶部，修改填充为白色，然后在两侧绘制白色横线作为装饰，如图9-32所示。

（3）使用"圆角矩形工具" ▢ 在左侧绘制一个较大的白色圆角矩形，作为图表区域背景。

（4）使用"直线段工具" ╱ 在白色圆角矩形中央绘制一条垂直的砖红色虚线，然后使用"文字工具" T 在虚线上方输入图9-33所示的文字，设置字体为"方正兰亭粗黑简体"，文字颜色为砖红色（#C95028）。

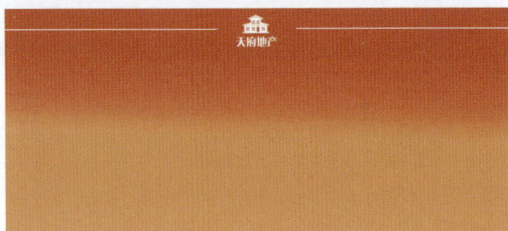

图9-32　制作广告顶部画面

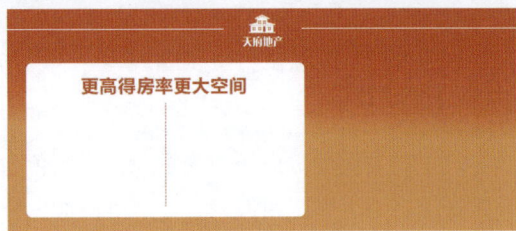

图9-33　输入文字

（5）选择"饼图工具" ◔ ，在虚线左侧拖曳鼠标打开"图表数据"对话框，在其中输入"房地产数据和营销文案.txt"素材中的高层数据，单击"应用"按钮 ✓ ，生成图表，如图9-34所示。

（6）单击 ☒ 按钮关闭"图表数据"对话框，此时的图表为默认外观，还需要美化图表。使用"直接选择工具" ▷ 选中饼图中较小的部分，设置填充为绿色（#69B086），描边为白色，描边粗细为"48pt"；选中饼图中较大的部分，设置填充为橙色渐变（#D35325～#DE8E5B），描边为白色，描边粗细为"48pt"。修改右上角的图例色块为对应填充色，但取消描边。

（7）使用"直接选择工具" ▷ 选择图例中色块右侧的"公摊面积"文字，将其移至饼图绿色部分左上方，设置字体为"思源黑体 CN"，字体样式为"Medium"。使用"直接选择工具" ▷ 选择图例色块右侧的"高层使用率"文字，按【Delete】键将其删除，效果如图9-35所示。

（8）使用"文字工具" T 在饼图绿色部分中输入"20%"文字，在橙色部分中输入"得房率为80%"文字，在图例色块下方输入"高层"文字，设置字体均为"方正兰亭粗黑简体"，颜色分别为白色和砖红色，调整文字大小。将这些用于补充说明的文字与图表编组，效果如图9-36所示。

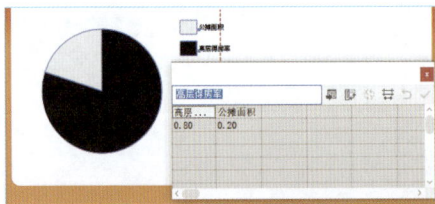

图9-34　生成图表

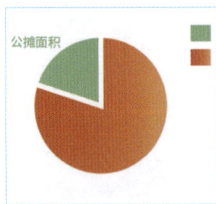

图9-35　美化图表效果

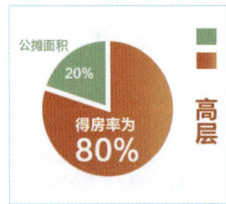

图9-36　编组文字与图表

（9）复制图表编组到虚线右侧，单独选中编组中的饼图，选择【对象】/【图表】/【数据】命令，打开"图表数据"对话框；输入"房地产数据和营销文案.txt"素材中的洋房数据，单击"应用"按钮✓，然后单击✖按钮关闭"图表数据"对话框，以在修改数据的同时保留图表外观。使用"直接选择工具"▷和"文字工具"▼修改图表编组中的文字，效果如图9-37所示。

图9-37　图表区域效果

9.3.2　排版文字信息

使用文字工具在广告画面右侧输入文字信息，并使用形状绘图工具绘制文字边框和底纹，最后添加二维码素材。文字颜色采用白色，底纹为白色时文字可采用砖红色。具体操作如下。

排版文字信息

（1）使用"文字工具"▼在广告画面右侧输入图9-38所示的文字，设置字体为"方正兰亭粗黑简体"，文字颜色为白色，调整文字大小。

（2）修改"河景洋房"文字的颜色为砖红色（#C94F28），并在其下使用"圆角矩形工具"▢绘制一个白色圆角矩形。

（3）选中步骤（1）中输入的所有文字，选择【对象】/【变换】/【倾斜】命令，打开"倾斜"对话框，设置倾斜角度为"10°"，单击"确定"按钮，效果如图9-39所示。

（4）使用"文字工具"▼在下方输入宣传语、卖点和房产地址信息，并适当倾斜文字，调整文字大小，如图9-40所示。

图9-38　输入文字　　　　图9-39　倾斜文字　　　　图9-40　输入并调整文字

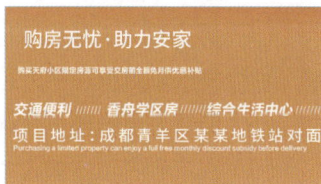

（5）使用"圆角矩形工具"▢在宣传语文字上绘制白色圆角矩形，使用"直线段工具"╱在地址文字上方绘制一条白色分隔线，效果如图9-41所示。

（6）打开"联系方式.ai"素材，将其中的二维码图像添加到宣传语文字右侧。使用"直排文字工具"▮T在二维码图像右侧输入"扫码了解更多"文字，最终效果如图9-42所示。

图9-41　绘制文字装饰形状　　　　　　　　　　图9-42　最终效果

9.4 拓展训练

实训 1　设计耳机网幅广告

实训要求

（1）某耳机品牌准备打折销售一款耳机，现需设计网幅广告进行宣传，广告内容包含耳机外观、功能和价格。

（2）采用具有科技感的蓝色调，广告尺寸为950px×300px。

操作思路

（1）绘制两个不同饱和度的蓝色圆角梯形组成背景。

（2）添加"耳机文案.ai"素材中的文字，设置文字属性，将耳机英文文字轮廓化，利用"美工刀工具" 分割文字笔画，调整文字笔画的颜色，使其更具设计感。

（3）置入"耳机.png"素材，为其添加"投影"效果。

（4）再次置入"耳机.png"素材，通过图像描摹操作得到黑色的耳机剪影图形，通过"扩展"命令将描摹对象转换为路径，更改耳机剪影图形的填充色为深蓝色（#303C95）。

（5）绘制白色圆形，将描摹的耳机剪影图形放置到圆形中，置于广告左上角作为装饰。

（6）在广告右下方输入"立即加购"文字，绘制圆角矩形并应用图形样式制作按钮效果。

具体设计过程如图9-43所示。

①制作背景

图9-43　耳机网幅广告设计过程

②添加文案

③制作耳机投影效果和描摹效果

④制作"立即加购"按钮

图9-43　耳机网幅广告设计过程（续）

实训 2　设计保险灯箱广告

实训要求

（1）某保险企业为推广"重疾险"业务，准备在电梯、地铁站中投放灯箱广告，广告以"买保险找我们"为主题，利用图表展示各类理赔数据占比，突出"重疾险"占比。

（2）广告尺寸为50cm×70cm，画面简洁，布局美观，图表直观明了。

操作思路

（1）绘制径向渐变背景，复制"保险营销文案.txt"素材中的文案到广告文件中，在广告右下角添加二维码素材。

（2）通过"字符"面板、"变换"命令排版文案，通过绘制装饰形状、建立文字轮廓并填充渐变色来美化文字。

（3）利用"饼图工具"为理赔数据创建图表，调整其大小、位置和颜色。

（4）在饼图右上方输入饼图名称和重疾险占比，绘制圆角矩形强调这些文字。

（5）在饼图其他部分中输入对应占比的数值。

具体设计过程如图9-44所示。

①添加文案和二维码　　　　　　②添加饼图　　　　　　③丰富图表效果

图9-44　保险灯箱广告设计过程

9.5 AI辅助设计

文心一言　　编写广告文案

文心一言是百度推出的一款生成式AI写作工具，它不仅能与用户互动对话，还能够协助用户进行创作，帮助用户高效地获取信息、知识和灵感。广告文案是广告主向潜在客户展示产品或服务的特点、优势和价值，吸引客户关注，激发客户的购买欲望和引导客户行动的广告设计重要元素。使用文心一言可以辅助设计人员编写广告文案，例如，为一款吹风机编写广告文案。

提问

提问方式：广告对象＋广告类型＋文案风格＋文案内容要求＋字数要求。

示例：为一款粉紫渐变色的吹风机编写广告文案，要求描述吹风机造型，针对消费者痛点来突出吹风机的功能、卖点，文案简洁、精练，200字以内。

为一款粉紫渐变色的吹风机编写广告文案，要求描述吹风机造型，针对消费者痛点来突出吹风机的功能、卖点，文案简洁、精练，200字以内。

【梦幻粉紫渐变，重塑吹风新风尚】这款吹风机以粉紫渐变色彩，演绎浪漫与科技的完美碰撞，造型流线优雅，握感轻盈。针对长发干枯、短发毛躁的痛点，采用智能温控技术，呵护每一根发丝，速干同时锁住水分，减少热损伤。静音设计，让美丽不打扰，即便是清晨也能享受宁静的吹发时光。一键冷风定型，轻松打造沙龙级发型，让每日造型成为享受。选择它，开启你的专属护发之旅！

由文心大模型 3.5 生成

重新生成

Midjourney 设计商品广告

设计商品广告时，可以选用Midjourney工具箱中的AI商品图功能，用户只需上传商品图片，Midjourney就能自动将商品从背景中抠取出来，重新添加优质背景图，达到一键生成高质量商品图的效果。AI商品图功能具有两大场景选项卡。其中"推荐场景"选项卡提供多种背景、特效、展台等预设风格，如雪山背景、粒子特效、光效、自然展台、中秋节展台等，并且用户无须输入关键词描述；在"自定义场景"选项卡中，用户可根据自己的喜好和需求，输入背景描述进行定制生成，还可选择是否上传背景参考图。

模板生图

使用方式：上传商品图片。
主要参数：模式、场景、风格、比例。

模式：工具箱／电商设计／AI商品图。
场景：推荐场景。
比例：1：1。

上传商品图片：

风格1：特效／光线。
示例1效果：

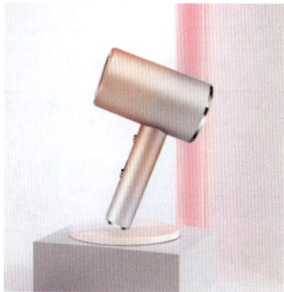

风格2：静态／雪山。
示例2效果：

风格3：展台／室外展台。
示例3效果：

风格4：展台／三角展台。
示例4效果：

👆 **拓展训练**

请尝试运用Midjourney的AI商品图功能，选择"自定义场景"选项卡，参考"商品与背景的关系+背景元素+风格+光影+细节质感增强用词"的结构描述背景，生成吹风机广告。

9.6 课后练习

1．填空题

（1）商业广告是商家或企业为了推销其_____、_____或_____，通过各种宣传媒介和形式，利用文字、图片等视觉元素，向受众进行的一种信息传播活动。

（2）异影图形是指对客观事物的_____进行创意设计，使其呈现出与原事物不同的形态。

（3）_____也称反转图形，是指在一个空间中两个图形共享同一轮廓，分为图形与背景两部分。

（4）使用文心一言编写广告文案时，可以采取_____的提问方式。

（5）使用_____工具可使对象产生扭转变形的效果。

2．选择题

（1）【单选】按（　　）组合键，可以打开"外观"面板。

A.【Shift+F6】　　　　B.【Shift+F9】　　　　C.【Ctrl+F6】　　　　D.【Ctrl+F9】

（2）【单选】创建饼图后，若想修改其中某个部分，需要先使用（　　）将其选中。

A. 选择工具　　　　B. 直接选择工具　　　　C. 饼图工具　　　　D. 图表编辑工具

（3）【单选】下列关于商业广告图形表现形式的说法中，错误的是（　　）。

A. 广告中的绘画表现形式主要分为两种。一种是二次加工已有图形，使已有图形耳目一新；另一种是针对广告主题构思并绘制图形

B. 摄影是对客观事物进行高度概括、提炼与简化的一种表现形式

C. 利用计算机软件制作的图形可以是高精度、非现实、三维的图形，可以丰富广告图形的表现力，深化广告图形的创意理念

D. 综合表现形式是指在广告中运用两种或多种表现形式，从多种视觉角度传达广告信息

（4）【多选】下列选项中，（　　）属于图像描摹提供的预设选项。

A. 剪影　　　　B. 黑白徽标　　　　C. 线稿图　　　　D. 影印

（5）【多选】下列选项中，（　　）属于图形样式库提供的预设样式。

A. 图像效果　　　　B. 按钮和翻转效果　　　　C. 霓虹效果　　　　D. 文字效果

（6）【多选】下列关于商业广告图形创意方法的说法中，正确的有（　　）。

A. 透叠构合图形是指两个外轮廓相同但填充内容不同的图形上下重叠

B. 填充图形是指以图形的轮廓为基底，在里面填充一种或多种图形，且基底图形和填充图形具有一定的关联性

C. 替换图形是指在保持图形基本形状的基础上，利用外观或意义上的相似性，将图形一部分替换为其他形状，从而创造出具有新意的新图形

D. 空间转换图形以空间为灵感，通过改变空间关系创造出人意料的视觉效果，让受众产生视觉上的新奇感受

3. 操作题

（1）某美妆品牌需要以"免费送10元代金券"为主题设计店铺弹窗广告，将广告展示在官网首页，吸引更多的潜在消费者领取代金券并进行消费，要求广告尺寸为640px×640px，广告内容精简，领券按钮醒目，参考效果如图9-45所示。

（2）远航科技公司为弥补公司人力资源的不足，需招聘设计总监、设计助理和销售人员，现需设计一个招聘广告，以易拉宝的形式放到招聘展位上使用。要求广告版面美观、整齐，符合科技公司风格，能快速吸引求职者，广告尺寸为80cm×200cm，参考效果如图9-46所示。

（3）为某款瓶身为淡绿色、雪松气味的香水设计产品广告，要求使用Midjourney的AI商品图功能进行创作，广告要具有氛围感，符合产品风格，参考效果如图9-47所示。

图9-45　领券弹窗广告　　　　图9-46　招聘易拉宝广告　　　　图9-47　香水产品广告

第 **10** 章

综合案例

图形创意作为一种对图形语言的创造性设计，具有基础性和适用性，被广泛用于多个行业和设计领域。在商业设计项目中，图形创意至关重要，它不仅能够吸引目标受众的注意力，还能有效地传达企业（品牌）信息、产品特性或服务理念，从而提高企业（品牌）识别度，提升企业（品牌）形象或促进产品销售。通过参与不同的商业设计项目，设计人员可以培养出以市场需求为导向、以用户为中心的设计思维，提升设计作品的视觉吸引力、创意性和实用性。

学习目标

▶ **知识目标**

◎ 欣赏商业案例图形创意作品。
◎ 掌握不同行业、不同类型图形创意作品的设计方法。

▶ **技能目标**

◎ 能够以专业手法完成不同领域的图形创意项目。
◎ 能够综合运用 AI 辅助设计工具和 Illustrator 的各项功能。

▶ **素养目标**

◎ 具备专业设计师的职业素养，学习工匠精神。
◎ 提高独立完成图形创意项目的能力，能从全局缜密思考。

学习引导

课前预习

1. 扫码了解图形创意领域设计人员的职业要求，提升对图形创意的认知。
2. 在网络上搜索成体系的企业、品牌、文创设计项目案例，通过这些案例提高平面设计审美水平，培养系统性思维。

课前预习

电子书

商业案例

1. 文创品牌图形创意项目：设计文创品牌标志、设计非遗冰箱贴插画、设计文创产品包装、设计文创店铺宣传海报。
2. 学校图形创意项目：设计幼儿园VI应用系统、设计幼儿园招生DM广告、设计幼儿园教师招聘长图、设计《儿童的绘画手册》图书封面。

案例欣赏

10.1 文创品牌图形创意项目

随着科技的飞速进步和全球化的加速推进，文化创意产业已成为推动经济转型升级、提升国家文化软实力的重要力量。"竹林间"是一个四川的文创品牌，在多地开设有文创实体店，为满足人们对文化回归与生活美学的追求，该品牌启动了图形创意项目，旨在通过对品牌标志、文创产品形象、文创产品包装、文创海报的图形创意设计，将我国传统文化和当地特色以现代美学的形式呈现，打造出既具有文化内涵又不失时尚感的文创视觉形象。

10.1.1 设计文创品牌标志

"竹林间"品牌需要设计新的品牌标志，以体现品牌发源地的地域特征和文化特色，并将标志运用到杯子、钥匙扣、帆布包等文创产品中。

📇 设计要求

（1）标志要具有很强的地域象征意义，选用憨厚可爱的大熊猫形象作为主元素。

（2）在标志中体现竹子元素，对应品牌名称"竹林间"。

（3）标志图形简洁独特，标志只需展示品牌名称，标志色彩简约和谐。

（4）标志尺寸为500px×500px，分辨率为300像素/英寸。

💡 设计思路

（1）采用正负图形的图形创意方法，绘制黑色的大熊猫耳朵、眼睛、鼻子、嘴巴和双臂等组成部分，用空白部分构成大熊猫的头和躯干，效果如图10-1所示。

（2）绘制转角圆滑的绿色竹节，复制部分竹节，形成竹子。

（3）为了使竹子呈现出被熊猫抓住的效果，可将熊猫手臂所在图层调整至竹子图层的下方。

（4）绘制绿色的竹叶，绘制竹叶的中空部分，通过路径操作使竹叶减去中空部分，效果如图10-2所示。

（5）在熊猫下方绘制矩形作为文字背景，运用图形样式库和"外观"面板美化矩形，效果如图10-3所示。

（6）输入品牌名称文字，选择较粗、较圆滑的字体，如方正汉真广标简体。通过图形样式库或"投影"效果为文字制作柔和的阴影，使其更加立体和突出，如图10-4所示。

图10-1 绘制大熊猫　　图10-2 绘制竹叶　　　图10-3 制作文字背景　图10-4 添加品牌名称

（7）使用即梦AI生成文创产品模型样机图片，如图10-5所示。

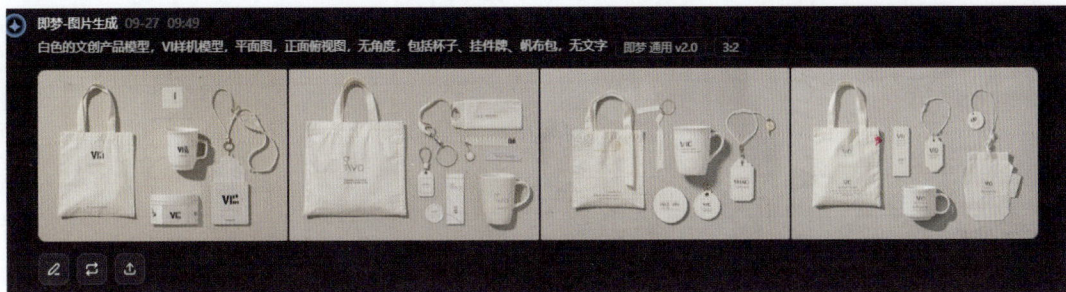

图10-5　AI生成文创产品模型样机图片

（8）使用Midjouney工具箱中的AI消除笔功能，去除样机图片中的文字水印和杂乱线条，优化其视觉效果，使其更符合需求。将标志运用到文创产品模型样机图片上，效果如图10-6所示。

图10-6　文创品牌标志应用效果

10.1.2　设计非遗冰箱贴插画

非物质文化遗产（以下简称"非遗"）作为民族文化的瑰宝，面临着传承与发展的双重挑战。而冰箱贴恰好是一种广受年轻人喜欢，既实用又富有装饰性的家居小物，因此成为传播文化、增添生活情趣的理想载体。为了让更多人了解并参与到非遗的传承中，"竹林间"品牌决定推出一系列非遗冰箱贴，将非遗与现代美学相结合。

🔖 设计要求

（1）冰箱贴以插画形式展现非遗，选择3～5个具有代表性的中国非遗项目作为插画主题，如剪纸、皮影戏、蚕桑丝织、泥塑、刺绣、中国结、竹编、陶瓷艺术等。

（2）插画内容为主体人物进行非遗活动的场景，各插画风格和色调统一。

（3）冰箱贴插画尺寸为8cm×8cm，分辨率为300像素/英寸。

💡 设计思路

（1）以设计陶艺插画为例，先按照空间位置（即从前到后）顺序，依次绘制陶瓷器具、小女孩、建筑，注意绘制出各元素的高光和阴影部分，以丰富插画的层次，如图10-7所示。

图10-7　绘制陶艺插画图形

（2）输入"景德镇""陶艺""非遗"文字，并分别转化为轮廓，调整文字笔画，使其更有古韵和设计感，然后在"非遗"文字处绘制印章图形，如图10-8所示。

（3）使用与步骤（1）和步骤（2）相似的方法设计其他非遗插画，参考效果如图10-9所示。

图10-8　添加插画文字

图10-9　设计其他非遗插画

（4）打开冰箱贴样机素材，绘制3个圆角矩形，用于定位冰箱贴的放置位置，如图10-10所示。

（5）添加冰箱贴插画，再绘制一个比插画背景略深的矩形，打开"符号"面板，将3幅插画和矩形均创建为图形符号，作为后续制作3D效果时所用的贴图。

（6）使用"3D（经典）"命令和"投影"命令制作出冰箱贴立体效果，注意要符合空间透视关系，如图10-11所示。

图10-10　绘制圆角矩形

图10-11　制作插画应用的立体效果

10.1.3 设计文创产品包装

为了弘扬川剧文化，"竹林间"文创品牌决定推出一款与之相关的文创礼盒"川剧印象"，内含多款精心设计的文创产品，现需要为该礼盒设计包装盒和手提袋。

设计要求

（1）采用古典风格设计，包装图形创意以川剧为主题，搭配中华传统元素。

（2）礼盒包装盒中展示礼盒名称、品牌Logo、产品品类、宣传语等信息。

（3）制作包装盒和手提袋的平面图和立体图。其中，包装盒成品尺寸为20cm×9.5cm×20cm，展开尺寸为39cm×59cm；手提袋成品尺寸为24cm×10cm×30cm，展开尺寸为70.4cm×40cm。

设计思路

（1）绘制包装盒平面图并标注尺寸，为顶面绘制深红色矩形作为背景，为其他面绘制红色到浅橙色的渐变矩形作为背景。

（2）在各个面的背景上绘制等大的矩形，使用色板库中的图案填充其中5个矩形；绘制云纹图形并将其建立为图案，使用该图案填充底面的矩形。

（3）结合混合模式使各矩形中的图案与背景产生叠加效果，如图10-12所示。

（4）在包装盒正面绘制对称的屏风、窗花、牌匾图形，运用"风格化"效果组增强图形的立体感，再复制部分图形，结合图形样式库、图案填充和混合模式制作古典的纹理效果，如图10-13所示。

（5）添加川剧人物素材，通过剪切蒙版制作出人物从窗户中探出的效果。

（6）输入礼盒名称、宣传语等文字，结合"字符"面板和图形样式库美化文字，效果如图10-14所示。

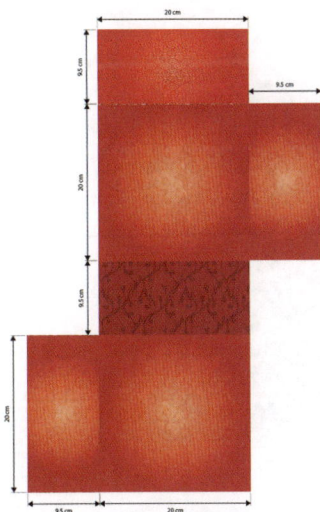

图10-12　制作叠加效果　　　　图10-13　制作纹理效果　　　　图10-14　美化正面文字

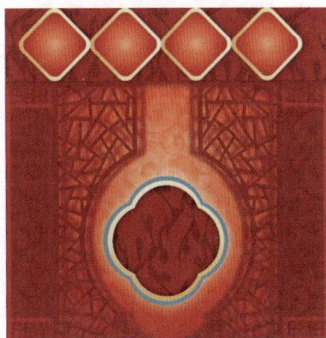

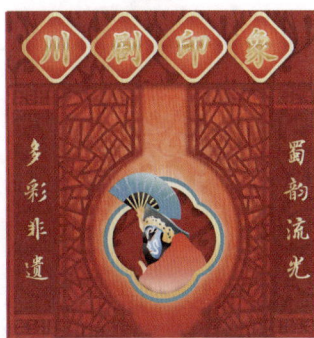

（7）使用与制作包装盒正面相似的方法，在其他面添加素材、绘制图形、输入文字，最终效果如图10-15所示。

（8）绘制手提袋平面图并标注尺寸，添加脸谱素材，使用图像描摹功能制作深红脸谱剪影。

（9）在背景上绘制等大的矩形，填充图案，利用混合模式制作纹理效果。

（10）将包装盒正面中的礼盒名称、宣传语文字复制到手提袋平面图中，调整其大小和位置，最终效果如图10-16所示。

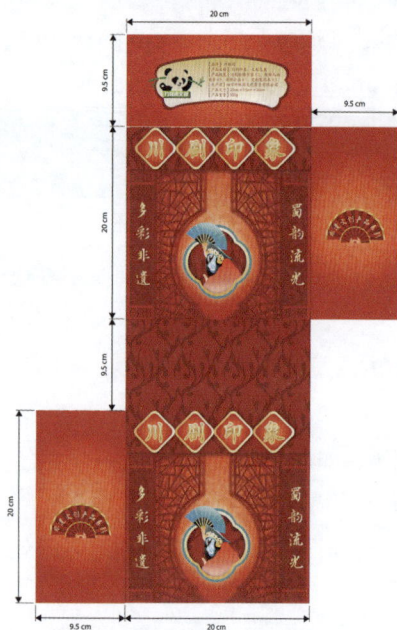

图10-15　包装盒平面图效果

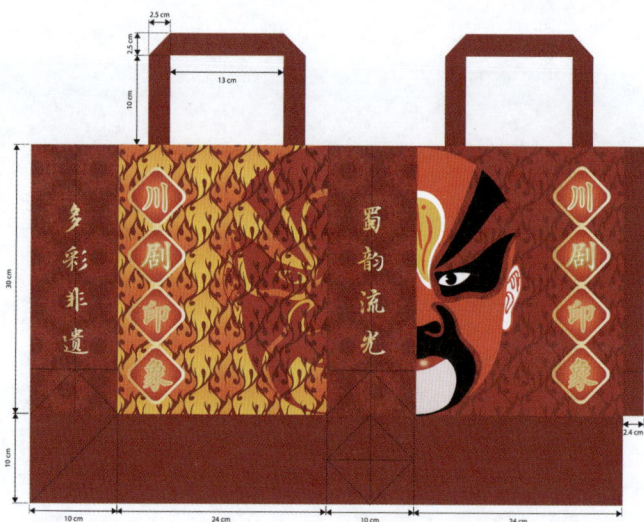

图10-16　手提袋平面图效果

（11）使用钢笔工具绘制包装盒、手提袋的立体形态，并为其填充基本的红色渐变，注意亮面、暗面的色彩变化，以营造出立体感，如图10-17所示。

图10-17　绘制包装盒、手提袋的立体形态

（12）通过封套扭曲将包装盒平面图嵌入对应的面。为了增强立体感，还可在各个面上绘制与该面等大的黑白渐变图形，通过"柔光"混合模式制作出光影渐变效果。

（13）在手提袋侧面下方绘制褶皱图形，并应用渐变填充和"柔光"混合模式，最终效果如图10-18所示。

图10-18　包装设计立体效果

10.1.4　设计文创店铺宣传海报

为响应非遗保护号召与宣传当地的茶艺文化，"竹林间"文创品牌上新了一批茶具和茶叶，现需设计一张海报用于宣传。

设计要求

（1）以"非遗茶艺"为主题，采用简洁风格，以淡雅的中国传统色彩为主。

（2）要巧妙融合中国传统茶文化元素，展现具有氛围感和意境的品茶场景。

（3）海报尺寸为1242px×2688px，分辨率为150像素/英寸。

设计思路

（1）使用Midjourney生成中式山水画图片，用作海报背景素材，如图10-19所示。

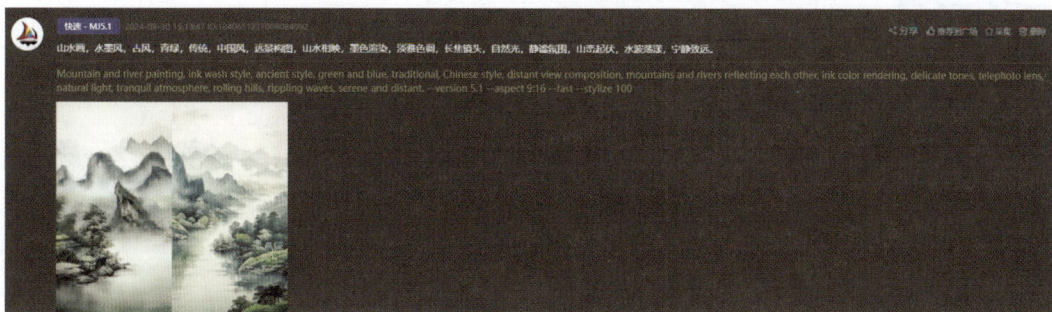

图10-19　AI生成海报背景素材

（2）绘制淡绿色渐变矩形作为背景，运用"混合"命令在其上制作渐变的直线条纹，如图10-20所示。

（3）置入Midjourney生成的图片，运用不透明度蒙版使顶部和底部渐隐，在其上绘制白色到黄绿色到白色的渐变矩形，通过混合模式为图片叠加颜色，使其效果更加和谐。

（4）绘制茶具图形，设置渐变颜色，添加柳叶素材作为装饰，在茶具上绘制半透明的、蜿蜒的水蒸气图形，以增强氛围感，效果如图10-21所示。

（5）运用矩形网格工具制作棋盘状图案，分别放在海报左上方、右下方、左下方。

（6）选择较为古典的字体，在海报四角输入海报主题文字，绘制黑色圆环装饰主题文字。

（7）输入其他宣传文字，可适当绘制矩形作为装饰，最终效果如图10-22所示。

图10-20　制作渐变直线条纹　　　图10-21　绘制主体图形　　　图10-22　海报最终效果

10.2 学校图形创意项目

彩鹿幼儿园秉承"寓教于乐，启迪未来"的教育理念，提供温馨舒适的教育环境、雄厚的师资力量、丰富多元的课程，旨在培养儿童的综合素质并促进他们的个性发展。现彩鹿幼儿园正迈入一个全新的发展阶段，为了更好地传达自身的教育理念与塑造品牌特色，想要通过一系列创新而富有吸引力的视觉形象设计，进一步塑造其独特的品牌形象，激发儿童的探索欲与创造力，同时吸引更多家庭的关注与加入。

10.2.1　设计幼儿园VI应用系统

VI设计对幼儿园塑造品牌形象具有重要意义，对幼儿园发展及儿童教育环境亦有影响，近年来越来越受到幼儿园的重视，彩鹿幼儿园也准备对VI应用系统进行设计。

设计要求

（1）设计幼儿园标志、导视牌、员工工作服等VI应用系统。

（2）幼儿园视觉识别形象必须有利于儿童的身心发展，活泼、美观，具有童趣。

（3）整个VI应用系统的设计应和谐统一，且需要以幼儿园名称中的"鹿"作为特征元素。

（4）用明亮、柔和的黄色调作为主色调，给儿童一种安全、温暖的感觉。

设计思路

（1）设计幼儿园标志，结合幼儿园名称中的"鹿"以及主要群体儿童，绘制长颈鹿和儿童的形象，可绘制儿童骑在长颈鹿上的图形，效果如图10-23所示。

（2）在儿童手上绘制多个彩色气球，并在右上方空白处制作多个彩色图形，以契合幼儿园名称中的"彩"字，并营造积极、阳光、活跃的氛围。

（3）在左侧输入彩色的沿弧线排列的"彩鹿幼儿园"文字作为标志文字，以直观地传达信息，效果如图10-24所示。

（4）设计辅助图形。以黄色为主色，以长颈鹿为主题，绘制长颈鹿头像作为辅助图形1，效果如图10-25所示。

（5）更改长颈鹿的形态，以黄色为主色绘制辅助图形2，效果如图10-26所示。

图10-23　绘制标志图形　　图10-24　标志效果　　图10-25　辅助图形1　　图10-26　辅助图形2

（6）设计导视牌。以辅助图形为主，结合椭圆形、圆角矩形和矩形等几何图形，设计班级名称和温馨提示语的导视牌，并在图形中输入引导文字，效果如图10-27所示。

（7）设计员工工作服。使用钢笔工具和"外观"面板绘制POLO衫正面和背面，然后添加幼儿园标志和幼儿园名称，效果如图10-28所示。

图10-27　导视牌效果

图10-28　员工工作服效果

10.2.2 设计幼儿园招生DM广告

在下个学期到来之前，彩鹿幼儿园将开展招生相关活动，需设计DM广告进行宣传。

设计要求

（1）DM广告应展示招生信息、幼儿园情况、办学宗旨、招生对象、教学风采等内容。

（2）广告要符合儿童的审美，以颜色鲜艳、造型简约、视觉效果有趣的插画为主。

（3）广告尺寸为22cm×31cm，分辨率为300像素/英寸。

设计思路

（1）设计招生DM广告正面。绘制浅橙色矩形作为背景，再绘制一个半透明白色矩形，通过旋转工具和【Ctrl+D】组合键重复操作，制作出放射状的效果，然后在下方绘制一个橙色矩形，效果如图10-29所示。

（2）通过绘制图形、输入文字、偏移路径等操作制作标题招牌，再将标题文字轮廓化并变形，然后对其运用"纹理化"效果，使其更具创意性和识别度，效果如图10-30所示。

（3）绘制儿童在幼儿园娱乐设施上玩耍的场景插画，置于橙色矩形右上方。

（4）在标题左下方输入招生宣传语，在橙色矩形下方绘制波浪图形，在其中输入联系方式文字，然后添加幼儿园标志和二维码素材，效果如图10-31所示。

（5）设计招生DM广告背面。先绘制橙色矩形作为背景，接着在底部绘制波浪图形。

（6）运用"艺术效果"预设画笔在顶部和右侧绘制装饰线条，运用钢笔工具绘制白云和小鸟图形。

图10-29 制作正面背景

图10-30 标题效果

（7）绘制虚线以分割画面，通过运用预设符号和绘制对话框图形进行布局，效果如图10-32所示。

（8）在背面输入区域文字，并利用"字符"面板和"段落"面板设置文字属性，然后添加幼儿园环境图片、联系方式、标志等内容，效果如图10-33所示。

图10-31 招生DM广告正面效果

图10-32 布局背面背景

图10-33 招生DM广告背面效果

10.2.3 设计幼儿园教师招聘长图

为了确保儿童能在充满爱的环境中茁壮成长，幼儿园决定面向社会公开招募一批富有爱心、专业技能过硬的幼儿园教师，需要设计一张招聘长图用于在社交媒体中进行宣传。

设计要求

（1）长图内容应体现幼儿园教育理念和特色，信息展现直观，内容清楚。
（2）色彩搭配和图形创意符合幼儿园的风格，富有视觉吸引力。

（3）长图尺寸为1700px×4535px，分辨率为300像素/英寸。

💡 **设计思路**

（1）添加黑板素材并绘制背景矩形，创建剪切蒙版，绘制绿色矩形组成分割式背景。

（2）在黑板顶部绘制彩旗，在绿色背景顶部绘制白云，然后添加纹理素材，调整其不透明度和混合模式，效果如图10-34所示。

（3）绘制对话框图形、装饰矩形以进行文字的布局，复制多个形状形成层叠错位效果。

（4）适当绘制三角形、圆形、箭头、矩形、斜线等装饰形状，可运用"重复"命令、色板库的图案和"风格化"效果组美化形状，增添创意性，效果如图10-35所示。

（5）输入标题、宣传语、幼儿园介绍、岗位介绍、联系方式，添加招聘二维码素材。

（6）轮廓化标题文字，为其制作白色描边以及带有涂抹效果的填充。

（7）在长图右侧输入竖排的英文"JOIN US"，并为其制作蓝色轮廓，最终效果如图10-36所示。

图10-34　制作背景

图10-35　绘制形状

图10-36　招聘长图最终效果

10.2.4　设计《儿童的绘画手册》图书封面

为培养儿童的艺术能力，幼儿园特意开设了绘画课，且自行编写了一本教材《儿童的绘画手册》，现需要设计人员为其设计封面。

设计要求

（1）使用与绘画相关的元素，如颜料、画笔等，封面图形需凸显图书主题。

（2）使用中纯度、较高明度的色彩，设计风格符合儿童审美，整体氛围积极、温暖，亲和力强。

（3）前封、后封尺寸为220mm×320mm，书脊厚度为20mm，分辨率为300像素/英寸。

设计思路

（1）分别创建前封、书脊、后封的画板，并绘制与画板等大的白色矩形作为背景。

（2）使用钢笔工具绘制抽象的不规则图形代表颜料、绘画笔迹，结合形状绘图工具和线条绘图工具绘制画笔、棒棒糖等装饰图形。

（3）在后封右上方绘制用于混合的两个圆形和一条混合轴路径。

（4）在后封左下方绘制区域文字所在的路径。

（5）在前封中输入书名文字，复制文字并修改颜色，制作出错位叠加效果，效果如图10-37所示。

图10-37　输入书名文字

（6）运用"3D和材质"面板为装饰图形制作不同的3D效果。

（7）运用"混合"命令制作后封图形的混合效果，再应用"收缩和膨胀""粗糙化"效果。

（8）利用文字工具组分别输入书名、出版社名、编著者名和图书介绍。

（9）为增强前封中书名文字的创意性和独特性，可以应用字体的艺术效果，最终效果如图10-38所示。

图10-38 《儿童的绘画手册》图书封面效果